KATRIN GRAF-FAISS UND
SEBASTIAN FAISS

IMKERN

MODERN, BIENENGEMÄSS, EFFIZIENT

KOSMOS

INHALT

4 Zu diesem Buch

8 Wissenswertes zum Einstieg

10 Ein Hobby für jedermann

13 Ein paar Gedanken vorab

26 Ein bisschen Bienen-Biologie

29 Die Biene

37 Der Schwarmtrieb

41 Gefahren für das Volk

42 SPEZIAL Politischer Exkurs

46 „Imker-Recht"

49 Öffentliches Recht

52 Privatrecht

Eine für alle, alle für eine

58 Jetzt geht's los – Die Praxis

61 Wabenmaß und Bienenbeute
63 IM ÜBERBLICK Aufbau der Beute
64 Der Bienenstandort

66 Imkern im Jahresverlauf

69 Unsere Art zu imkern
70 Varroa destructor
74 SPEZIAL Weitere wichtige Bienenkrankheiten
78 IM ÜBERBLICK Die Puderzuckermethode
86 SPEZIAL Nochmals das Wichtigste
93 Bienen füttern
96 SPEZIAL Räuberei – den größten Fehler beim Füttern vermeiden
103 Bienen überwintern
104 Bienen auswintern
108 Schwarmkontrolle
110 SPEZIAL Schwarmverhinderung und Völkervermehrung
113 Honigernte

118 Häufige Fragen

121 Häufig gestellte Fragen
128 Zukunftsaussichten …

130 Service

131 Zum Weiterlesen
131 Aus dem Internet
132 Register
135 Impressum

Zu diesem Buch

Die ersten Bienen fand man in 50 Millionen Jahre altem Bernstein. Als sich vor fünf Millionen Jahren Menschen entwickelten, gab es Honigbienenvölker bereits seit vielen Millionen Jahren.

1

Die Imkerei ist ein unheimlich spannendes Thema, über das wir stundenlang reden können (was wir auch oft tun). Hier in diesem Buch wollen wir es jedoch übersichtlich halten.
Die meisten der enthaltenen Punkte, Themen und Aspekte können natürlich vertieft und diskutiert werden und viele von ihnen bieten schon für sich genommen Stoff genug für eigene Bücher. Wir wollen euch hier, aufbauend auf die Erfahrungen aus unseren Imkerkursen, das grundlegende Wissen und vor allem das Handwerkszeug geben, das euch eine erfolgreiche Bienenhaltung ermöglicht. Denn wenn ihr Bienen ein Zuhause geben möchtet und verantwortungsvoll imkern wollt, solltet ihr zuallererst lernen, wie die Bienen leben, was sie brauchen und wie sich die imkerlichen Eingriffe auf euer Bienenvolk auswirken.
Wir, das sind Katrin und Sebastian von der Imkerei Goldblüte vom Schurwald. Wir haben uns das Schreiben geteilt und reden daher meist in der Wir-Form. Oft ist aber klar, wer von uns beiden schreibt, dann steht da einfach „ich".
Noch eine Sache vorab: Wir verwenden in diesem Buch keine Gendersternchen, Doppelpunkte oder Ähnliches, sondern reden vom Imker, vom Nachbarn oder vom Teilnehmer, so wie wir vom Menschen reden, womit selbstverständlich Menschen allen Geschlechts gemeint sind. Unser Buch richtet sich an alle Menschen, besonders die freundlichen und verantwortungsbewussten.

WIE UNSERE BIENENLEIDENSCHAFT GEWECKT WURDE

Als mein damaliger Freund während des Studiums einen Imkerkurs an der Volkshochschule belegte, dachte ich mir noch nichts dabei. Schließlich war er mit seinem Energiemanage-

FASZINATION BIENEN!

1. Die Arbeit an den Bienen besteht auch aus Staunen, Entschleunigung und Entspannung.

2. Die Imkerei verbindet die eigene sinnstiftende Tätigkeit mit Umwelt- und Klimaschutz.

3. Schnell hatten die Bienen uns beide in ihren Bann gezogen. Zusammen bei den Bienen, da macht das Imkern doppelt Spaß.

2

3

ment-Studium und den paar Obstwiesen zu Hause nicht wirklich ausgelastet und ich hatte während meines eigenen Studiums neben Werkstudententätigkeit und einer parallelen Ausbildung zur Mediatorin nicht genug Zeit, um all die Ideen, die er im Kopf hatte, mitzumachen. Dann jedoch kam die zögerliche Frage, ob ich mir vorstellen könne, dass wir uns Bienen anschaffen. Meine Reaktion fiel eher negativ aus: Landwirtschaft okay, aber keine Tiere, schließlich verreise ich gern. Und wenn, dann doch lieber zwei, drei Zwergziegen oder so und nicht gleich Zehntausende Bienen! Nun ja … er bekam dann überraschenderweise (?) zwei Völker geschenkt. Ich schaute mir das auch mal an, begann mich zu interessieren, ein wenig zu helfen, und schon bald hatten diese besonderen Tiere auch mich so sehr in ihren Bann gezogen, dass ich einen (Theorie-)Wochenendkurs an der Landesanstalt für Bienenkunde in Hohenheim besuchte.

Inzwischen geht es mit der Entdeckelungsgabel schneller. Übung macht den Meister.

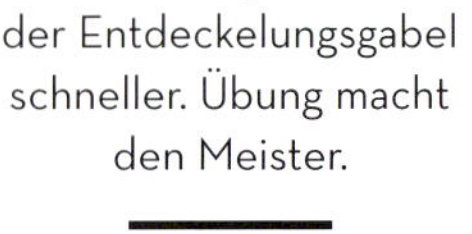

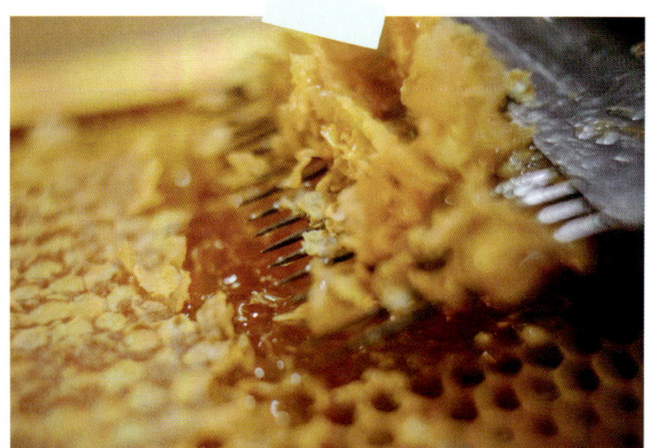

Am besten kann ich mich an die erste Honigernte erinnern: Entdeckelungsversuche mit Gabel und Heißluftföhn, die dabei gekauten „Kaugummis“ aus Entdeckelungswachs und Honig und natürlich an das flüssige Gold, wie es aus der Schleuder rann. Mit dem neu erlangten Wissen, wie viel Mühe sich sehr viele Bienen für sehr wenig Honig geben, besah ich dieses Ergebnis mit großer Ehrfurcht. Und erst der Duft in unserem damals noch sehr kleinen provisorischen Schleuderraum – einfach unbeschreiblich! Diese Eindrücke haben seither nichts von ihrem Zauber verloren, auch wenn das Entdeckeln inzwischen eine ziemliche Akkordarbeit geworden ist und dabei seit dem zweiten Jahr kein Heißluftföhn mehr zum Einsatz kommen musste. Inzwischen weiß ich deutlich mehr als damals, aber das Faszinierendste ist für mich immer noch all das, was ich nicht weiß, vielmehr, was wir Menschen nur vermuten können. Die Geheimnisse, die sich die Bienen trotz aller Forschung bewahrt haben.

Imkerei Goldblüte

Aus den beiden Völkern von damals ist unsere Imkerei Goldblüte geworden und vieles hat sich im Laufe der Jahre „gefügt“. Im Mai 2019 haben wir unser wunderschönes Betriebsgebäude bezogen, die ehemalige Aichelberger Kelter. Die Lage über dem Remstal ist nicht nur gut für prima Wein (und das schon seit dem Mittelalter!), sondern auch für unseren Honig, für Imkereiführungen aller Art, für Mitmachimkerei, Imkerkurse, Betriebsausflüge, Teambuilding und

Inzwischen ist aus den beiden Völkern unsere Erwerbsimkerei Goldblüte geworden. Neben Führungen und der Zucht gewinnen wir sehr leckeren Bio-Honig.

sonstige Mitarbeiterentwicklung sowie Veranstaltungen mit Imkervereinen, Bienenwachstücher-Workshops, Kindergeburtstage, „Maus-Türöffnertage" und vieles mehr. Vielleicht kommt ihr ja auch mal vorbei?
In diesem Buch soll es in erster Linie um den Einstieg in das Imkern gehen. Wir haben in unserer Erwerbsimkerei eine Betriebsweise für uns gefunden, die nicht nur bienengemäß, einfach und rationell ist, sondern auch auf modernsten Erkenntnissen fußt. Verständlicherweise kann dies nicht alles in einem übersichtlich gehaltenen Imkerbuch beschrieben werden und vieles geht auch über die Möglichkeiten einer Hobbyimkerei hinaus. Wir haben hier ein Imkerbuch geschrieben, das wichtige Elemente unserer Arbeit mit den Bienen herausgreift und euch zeigen soll, wie einfach und sinnvoll die Arbeit mit der Honigbiene sein kann.
Grundlage dieses Buches sind neben unseren eigenen langjährigen Erfahrungen mit vielen Bienenvölkern auch die Erkenntnisse und Fragen, die wir in unseren Imkerkursen gesammelt haben. Hier haben wir vielfach erfahren, dass dieser Weg des Imkerns auch für Jungimker in den ersten Jahren einwandfrei funktioniert und es sich auf diesen Grundlagen in späteren Jahren gut aufbauen lässt.
Ergänzend zu den Filmen in der zum Buch gehörenden App findet ihr auf unserem YouTube-Kanal Einblicke in unseren Alltag und Vertiefendes zu allen Themen, die wir in diesem Buch ansprechen. Wir freuen uns, wenn ihr mal vorbeischaut. Wir wünschen euch viel Spaß mit dem Buch, mit euren Bienen und der Natur! Möge die Imkerei in euch die gleiche Leidenschaft entfachen wie bei uns.

Katrin und Sebastian

Vorstellung

In diesem Video stellen sich Sebastian und Katrin vor.

WISSENSWERTES ZUM EINSTIEG

Ein Hobby für jedermann

Imkern lernen kann eigentlich jeder. In unseren Imkerkursen waren schon Bierbrauer, Geschäftsführerinnen, Künstler, Gärtner, Jägerinnen, verschiedene Angestellte aus Industrie und öffentlichem Dienst, Politiker, Yogalehrer, Studierende, Heilpraktiker, Ärzte, Opas und Omas und noch viele Menschen mehr.

Allen gemeinsam ist das Interesse an der Natur und die Suche nach einem sinnvollen und schönen Hobby. Manche wollen sich einen kleinen Nebenerwerb aufbauen oder auch einfach „nur" etwas Gutes tun, für sich, die Freunde und Nachbarn, für die Bienen selbst, die Enkel – uns alle. Eine Einschränkung gibt es hier also erst einmal nicht. Einzig wissbegierig und verantwortungsvoll sollte man sein, für den Anfang seiner Reise in die faszinierende Welt der Bienen. Das Imkern im Hobbybereich ist nicht besonders schwer – sofern man sich an einige wenige, aber sehr wichtige Regeln hält. Aber darum lest ihr ja dieses Buch. Klar, es gibt auch Herausforderungen, zum Beispiel, weil die Bienen meist, zumindest zum Teil, auf fremde Gärten und Grundstücke angewiesen sind. Sie leben daher auch von dem, was dort wächst, angebaut und ausgebracht wird. Aber darauf kommen wir später nochmals zurück. Imkern kann eine körperlich sehr anstrengende Arbeit sein, vor allem in den Sommermonaten. Hier gilt es, zum Beispiel durch die richtige Auswahl des Bienenkastens, den richtigen Standort usw. Abhilfe zu schaffen, sodass auch im hohen Alter, mit körperlichen Beeinträchtigungen und sogar aus dem Rollstuhl heraus geimkert werden kann.
Logischerweise wachsen die Herausforderungen mit der Anzahl der gehaltenen Bienenvölker. Da kommen wir auch schon zu einem häufig gemachten Fehler: Zu viele Bienenvölker auf einmal, ein zu schnelles Vergrößern der Völkeranzahl ist nor-

Imkern für Jeden

Ein bisschen Zeit, etwas körperliche Fitness, zwei Völker und schon kann es losgehen.

malerweise nicht anzuraten. Also lassen wir es langsam angehen. Für uns hat es sich als sehr sinnvoll herausgestellt, mit zwei Bienenvölkern zu starten. Da hat man genug Zeit für das einzelne Volk, und dennoch sowohl einen Vergleich zwischen den Völkern als auch eine Ausgleichsmöglichkeit. So haben wir begonnen und so beginnen auch die meisten Menschen in unseren Imkerkursen.

Wer einmal der Faszination der Honigbiene erliegt, der kommt davon nur sehr schwer wieder los. Hier können wir, wie eingangs berichtet, aus eigener Erfahrung sprechen. Es ist ein Erleben mit allen Sinnen: Der Geruch im Frühling, wenn der Bienenkasten geöffnet wird, das beruhigende Betrachten der ein- und ausfliegenden Bienen, das Summen, das Miterleben der Jahreszeiten und vor allem das soziale Verhalten des Bienenvolkes faszinieren uns beide nach wie vor. Und wenn bei der Ernte der Geruch aus den Waben und später aus der Schleuder strömt, ist das so unbeschreiblich toll, dass man es einfach selbst erlebt haben muss, um dieses Glück nachvollziehen zu können.

Imkern bedeutet auch, viel draußen zu sein und mit dem Rhythmus der Natur zu arbeiten.

SAMMLERINNEN

Bienen sammeln mehr als Nektar. In ihren Pollenhöschen transportieren sie Blütenpollen zurück ins Volk. Und ganz nebenbei bestäuben sie zahlreiche Pflanzen.

EINE WABE VOLLER BIENEN

Ein paar Gedanken vorab

Bevor ihr in die Imkerei einsteigt, habt ihr euch bestimmt schon ein paar Gedanken über euer zukünftiges Hobby gemacht. Warum Bienen halten? Und was braucht ihr dazu?

WARUM BIENEN HALTEN?

Fragt man Menschen, warum sie gerne Bienen halten möchten, oder erzählt, man hätte welche, hört man oft Gründe wie „die Biene retten", „vor dem Aussterben bewahren" usw. Das sind alles nachvollziehbare und respektable Gedanken. Allerdings denken wir nicht, dass die Biene „gerettet" werden muss, zumindest nicht über das Erlernen der Imkerei.

Bienen brauchen uns Menschen nicht, sondern wir brauchen die Bienen, und zwar dringend. Man schätzt, dass ein Drittel bis die Hälfte unserer Nahrung von Bienen abhängig ist. Leider haben wir ihnen jedoch mit unserer Lebensweise, unserer Art der Landwirtschaft usw. schon so sehr geschadet, dass wir uns nun um sie kümmern müssen. So kurz es uns Menschen gibt und so lange die Bienen: Die Honigbiene kann kaum mehr ohne den Imker, ohne Zufüttern im Winter und ohne Medikamente überleben. Dabei haben wir kaum einem Tier so viel zu verdanken wie den Bienen. Von der Bestäubungsleistung mal ganz abgesehen, profitieren wir seit Jahrtausenden von ihren Schätzen: Honig, Propolis, Wachs, daraus gefertigte Salben und andere Medikamente, Kerzen, Kosmetik und vieles mehr. Honigbienen und insbesondere auch Wildbienen können vor allem durch ein Umdenken im Konsumverhalten gerettet werden. Die nach wie vor große Nachfrage nach billigen Lebensmitteln aus industriellen, monokulturellen Ackerflächen schadet nicht nur der Nachhaltigkeit durch Humusabbau, den Wildtieren durch Futtermangel und fehlende Nistmöglichkeiten, um nur wenige der vielen Nachteile zu nennen, sondern natürlich auch der Honigbiene.

Mehr als nur Honiglieferanten: Fast die Hälfte unserer Nahrungsmittel haben wir den Bienen zu verdanken.

Als sinnvolle und nachhaltige Tätigkeit in der Natur macht Imkern einfach Spaß.

Freude, Ausgleich und Natur

In Deutschland gibt es derzeit knapp 160 000 Imker mit ca. 1,1 Millionen Bienenvölkern. Im Moment sieht es zwar so aus, als fänden sehr viel mehr Menschen Freude an der Bienenhaltung als noch vor einigen Jahren, die Anzahl der Völker geht jedoch trotzdem immer weiter zurück.

Wer Bienen halten will, der sollte Freude daran finden, einen Ausgleich suchen, etwas Neues entdecken wollen, kurz: Freude an der Natur haben, und daran, ein sinnvolles, nachhaltiges Hobby zu finden. Und selbstverständlich Respekt vor dem Leben haben, denn sonst beschäftigt man sich vielleicht doch besser mit Briefmarken, Sport oder Schach als mit Bienen.

Manche wollen mit der Imkerei Geld verdienen, so natürlich auch wir – inzwischen. Aber das ist schon eine etwas größere Herausforderung. Nicht umsonst werden in Deutschland knapp die Hälfte der Bienenvölker von Hobbyimkern gehalten.

Wie überall in der Landwirtschaft, sind auch die Erträge in der Imkerei schwer planbar und vor allem stark witterungsabhängig. Dies stellt einen möglichst wirtschaftlich arbeitenden Imkereibetrieb vor einige Herausforderungen.

Wir beide haben das Glück, dass wir eine gute Ausbildung in verschiedenen Bereichen genießen konnten und uns auch diesbezüglich gut ergänzen. So konnten wir auch in anderen Wirtschaftszweigen erfolgreich sein und zugegebenermaßen mehr Geld verdienen als mit der Imkerei. Andererseits hilft ein bisschen „fachfremdes" Wissen auch unserer Imkerei Goldblüte. Und es ist einfach so: Uns hat die Honigbiene in ihren Bann gezogen. Und das ist auf Dauer vielleicht die wichtigste Voraussetzung. Wir haben einmal gehört: „Am Anfang, da hat man Bienen. Aber schon nach kurzer Zeit, da haben die Bienen einen." Und da ist was dran.

WIE FIT MUSS ICH KÖRPERLICH SEIN?

Eine wichtige Eigenschaft, die jeder Imker mitbringen sollte, ist Ruhe. Hektische Bewegungen beunruhigen die Bienen. Natürlich steht man manchmal auch unter Zeitdruck, aber Stress bemerken die Bienen sofort und es macht sie nervös. Es gibt ja dieses Sprichwort „Wenn du es eilig hast, gehe langsam“, das trifft es beim Umgang mit den Bienen ganz gut. Also lieber einmal durchatmen und schauen, wie weit man konzentriert und lieber etwas langsamer kommt, anstatt möglichst schnell zu arbeiten.

Stiche und Allergien

Ein weit verbreiteter Irrtum ist, dass man sich, bevor man sich für die Bienenhaltung entscheidet, auf Allergien, z.B. gegen Pollen und Bienengift, untersuchen lassen sollte. Das kann man natürlich machen, allerdings kann ja nur der Status quo festgestellt werden. Allergien können sich über einen langen Zeitraum entwickeln, sodass ein negativer Allergietest nicht für alle Zeit Sicherheit gibt. Eine „echte“ allergische Reaktion betrifft übrigens immer den ganzen Körper, da das komplette Immunsystem „überreagiert“. Eine Rötung, Erwärmung, Schwellung usw. der Einstichstelle – und sei sie noch so beeindruckend – ist keine allergische Reaktion, sondern eine lokale Reaktion. Wenn ihr den Verdacht einer allergischen Reaktion habt, oder wenn ihr in den Bereich des Mundes gestochen werdet, ruft bitte lieber einmal zu oft 112 an.

1

2

3

1. Beuten können ganz schön schwer sein. Hilfsmittel erleichtern die Arbeit.

2. Beim Imkern kann ein Bienenstich nicht vollständig ausgeschlossen werden.

3. Bienen und Natur geben die zeitlichen Abläufe vor, wie hier die Honigernte.

Der gut 2 mm lange Stachel hat Widerhaken, die in der Haut stecken bleiben. Je schneller er entfernt wird, umso weniger Gift gelangt von der Giftblase in unseren Körper.

Die Reaktion auf Stiche kann sich aber nicht nur in Richtung einer Allergie entwickeln, sondern – normalerweise – eher in die entgegengesetzte Richtung. Der Körper gewöhnt sich an die Stiche. Ein Onkel von mir hat mir einmal gesagt, nach 100 Stichen sei man immun. Ich weiß nicht, ob das stimmt, ich selbst wurde zum Glück noch nicht so häufig gestochen, aber ich kann aus eigener Erfahrung berichten, dass Sebastians halbes Gesicht nach seinem ersten Stich über dem Auge über mehrere Tage angeschwollen war, beim zweiten Mal nicht mehr ganz so sehr und inzwischen kommt er manchmal mit einem Stachel in Hals oder Arm nach Hause, der da schon länger steckt und keinerlei sichtbare Reaktionen ausgelöst hat. Es gibt auch viele Imker, die trotz Bienengift-Allergie imkern und große Freude daran haben. Eine allergische Reaktion auf Bienengift ist erstens behandelbar durch eine sogenannte Hyposensibilisierungstherapie. Hierzu lasst ihr euch am besten von einem Allergologen (meistens HNO-Ärzte oder Hautärzte) beraten, was für euch sinnvoll ist. Die Erfolgsquote ist wohl recht hoch und es gibt hyposensibilisierte Imker, die wieder ohne Schutzkleidung und Notfallmedikamente imkern. Zweitens gibt es verschiedene Möglichkeiten, mit Allergie zu imkern, immer mit Notfallmedikamenten und Handy in Reichweite, mit Vollschutz und immer zu zweit bei den Bienen ... da gibt es verschiedene individuelle Möglichkeiten. Wenn euch tatsächlich eine Allergie treffen sollte, solltet ihr das Risiko individuell für euch abwägen und mit einem guten Arzt besprechen. Verlasst euch

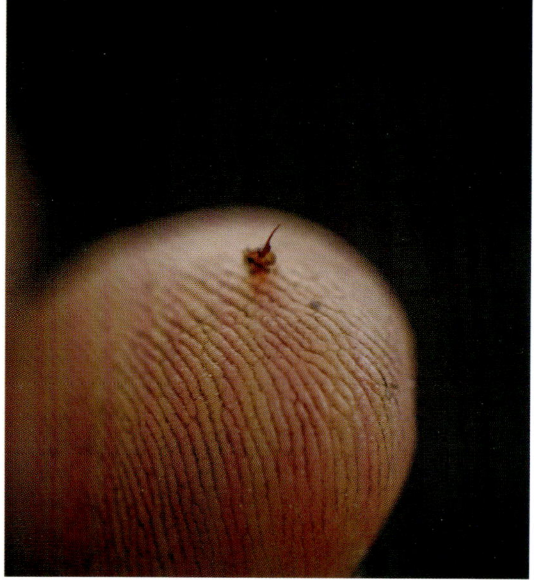

Als Imkerneuling schaut man sicher noch öfter nach seinen Bienen, später spielen sich Routinen ein.

dann bitte nicht auf pauschale Aussagen – auch nicht auf unsere hier.

Körperliche Fitness

Es ist natürlich schwieriger zu imkern, wenn man körperlich eingeschränkt ist. Eine gewisse Fitness ist bei dieser körperlich anstrengenden Tätigkeit sehr hilfreich, denn es gehört viel Handwerk dazu und auch einiges an Reinigungsarbeiten. Aber je nach technischer Ausstattung, Beutensystem usw. kann man sogar imkern, wenn man z. B. auf den Rollstuhl angewiesen ist.

WIEVIEL ZEIT MUSS ICH MITBRINGEN?

Die wenigsten Menschen haben für all das Zeit, was sie gerne tun würden. Bleibt die Frage, wie viel Zeit ich mir für die Imkerei nehmen möchte und natürlich, ob das auch reicht.
In vielen Imkerkursen und Büchern wird der Zeitaufwand mit 20 Stunden pro Jahr und Bienenvolk angegeben. Das ist aus unserer Sicht einerseits auf Dauer ein bisschen hoch gegriffen, schließt andererseits jedoch sicherlich nicht die Fahrten zum Imkerbedarfshandel oder zum Treffen mit Imkerkollegen ein. Zumindest nicht im ersten Jahr, da braucht man länger.
Dabei muss man natürlich sagen, dass man als Neuling auch viel mehr Zeit aufwendet als mit einigen Jahren Routine. Anfangs sitzen die später in Fleisch und Blut übergegangenen Handgriffe noch nicht so, man sucht vielleicht auch etwas länger nach seinem Handwerkszeug usw., aber ihr solltet gerade am Anfang möglichst viel ausprobieren, um herauszufinden, wie euch die Imkerei am leichtesten fällt und vor allem, wie sie euch am meisten Freude macht.

Erfahrung und Routinen

Mit den Jahren wird man erfahrener, schneller und kommt mit etwas

1

2

3

Übung sogar unter fünf Stunden pro Jahr und Bienenvolk. Aber spielt das bei einem so schönen Hobby überhaupt eine so große Rolle? Ist nicht jede Minute an den Bienen wertvoll? Selbstverständlich ist der Zeitaufwand auch von euch abhängig und sehr individuell. Die 20 Stunden pro Jahr und Bienenvolk beinhalten auch viel Schauen, Fühlen und Freuen. Aber das gehört – vor allem in den ersten Jahren und später hoffentlich auch immer wieder – zum Glück dazu. Schließlich trägt das Beobachten auch viel zum Lernen bei.
Auch werden in den ersten Jahren viele Eingriffe in das Bienenvolk erfolgen, die später mit Routine und steigendem Erfahrungsschatz wegfallen. Das Bienenvolk wird dadurch weniger gestört, der Imker spart Zeit und kann mehr Bienenvölker halten (wenn er will). Aber anfangs trägt das mehrmalige Nachschauen dazu bei, zu lernen, sich Gewissheit zu verschaffen, Unsicherheiten abzubauen. Also warum nicht die ein oder andere Minute extra am Bienenvolk verbringen?

Nach der Natur

Die Arbeit am Bienenvolk richtet sich nach der Natur und fällt hauptsächlich auf den Sommer.

Zeitbedarf nach Jahreszeiten

Von der Natur vorgegeben, ist die Zeit am Bienenvolk auch nicht zu jeder Jahreszeit gleich. In den Wintermonaten von November bis Februar

4

1. Mit der Kirschblüte steht erstmals im Jahr viel Nektar bereit.

2. Die Bienen sammeln Nektar und Pollen. Dabei bestäuben sie die Blüten.

3. Mit wachsendem Nahrungsangebot wird das Volk größer. Und Honigräume werden aufgesetzt.

4. Ab Ende des Sommers schrumpfen die Bienenvölker wieder. Die Honigsaison ist im August vorbei.

werden wir insgesamt selten mehr als fünf bis zehn Minuten am Bienenplatz verbringen. Hier kommen die Natur und somit die Bienen zur Ruhe.
Ende April erwacht die Natur mit der Obstbaumblüte, das Leben zieht wieder ein und wir werden jede Woche ungefähr 30 bis 60 Minuten mit jedem Bienenvolk beschäftigt sein. Dabei wird es hauptsächlich um die Schwarmverhinderung und die Honigernte gehen. Ab der Sommersonnenwende Ende Juni wird es wieder etwas ruhiger, bevor im August und September die Varroabehandlung an der Reihe ist und noch mal einiges an Arbeitszeit gefragt ist.
Aber keine Angst: Wenn ihr nicht gerade sechs Wochen am Stück in den Sommerurlaub fahren möchtet, lässt sich das alles relativ einfach mit einem modernen Leben und auch mit der Familie verbinden.

WIEVIEL PLATZ BRAUCHE ICH?

Platz kann man fast nie zu viel haben. Natürlich brauche ich zunächst einen geeigneten Ort für das Bienenvolk, aber nicht unbedingt einen riesigen Garten, ein paar Quadratmeter reichen. Bei Bedarf sind oft die Imkervereine bei der Vermittlung eines Standortes behilflich, denn manchmal wenden sich z. B. die Landwirte mit diesbezüglichen Angeboten an sie.
Zu Hause braucht ihr Platz für ca. einen Eimer voll an Materialen (hierzu später unter „Imkerausrüstung“ ab Seite 22 mehr) und natürlich auch ein bisschen Platz für den Honig. Bei ein bis zwei Bienenvölkern reicht die heimische Küche vollkommen aus, um den Honig zu ernten und um ein paar vorbereitende Handgriffe auf dem Esstisch zu erledigen.
Wenn die Völkerzahl steigt, ist die Größenempfehlung für ein Betriebsgebäude bei uns Erwerbsimkern, je nach Betriebsform natürlich, zwischen 3–6 qm/Volk. Aber auch das ist sehr individuell – wir liegen zum Beispiel weit darunter. Das ist nicht immer praktisch, aber machbar, und in unserem Gebäude auch sehr charmant und gemütlich.
Mit steigender Völkerzahl ist es sinnvoll, je nach Nahrungsangebot mehrere Bienenstandorte zu haben. Aber für den Anfang reicht einer.

1

2

WAS KOSTET MICH DER SPASS?

Nach oben habt ihr hier wie so oft alle Möglichkeiten. Wir wollen hier einmal mit den Mindestanforderungen starten:

Die Bienenbeute

Eure Beuten sollten eine zumindest akzeptable Qualität haben. Mittlerweile kommen die meisten Bienenbeuten aus Osteuropa. Es gibt sehr günstige Angebote, zum Teil schon ab 130 Euro. Natürlich wird hier an vielem gespart, so sind die Schrauben meist kleiner und von minderer Qualität, die Ecken brechen oftmals leichter auf. Das Holz verzieht sich. Aber natürlich kann damit zumindest eine Weile lang geimkert werden. Alternativ zu den günstigen gibt es sehr hochwertige Bienenkästen, die von Schreinern, Behindertenwerkstätten usw. gebaut werden, zwar oftmals zum doppelten Preis, dafür aber in einer super Verarbeitung, die vermutlich auch noch der nächsten Generation dienen kann. Und auch dazwischen gibt es alle erdenklichen Qualitätsstufen.
Absolut gesetzt ist für uns, nicht nur, weil wir eine Bio-Imkerei sind, dass die Bienenbeute aus Holz ist. Dieses nachhaltige Material, am besten aus heimischen Wäldern, tut in der Imkerei schon lange seinen Dienst, ist bei Defekten leicht zu reparieren oder gar wärmend zu entsorgen. Auch ein Eintrag von Fremdstoffen wird mit naturbelassenem Holz minimiert. Und vor allem sind wir der Ansicht, dass Bienenvölker, die in der Natur eine Baumhöhle besiedeln, mit Holz am besten klarkommen.
Von den Verfechtern der „Kunststoffbeuten" wird oft eine bessere Wärmedämmung aufgeführt. Wir haben dies

Preis pro Beute

Die Kosten einer Bienenbeute liegen zwischen 130 Euro bei günstigen Modellen bis zu 260 Euro bei hochwertigen.

VON BEUTEN UND VÖLKERN

3

1. Verschiedene Bauformen von Dadantbeuten: Hier die von uns bevorzugte Variante mit Platz für zehn Waben …

2. … und die ebenfalls angebotene Variante mit zwölf Waben.

3. Auch an solch einem Standort sind Bienen fleißig. Nur für den Imker ist der Zugang etwas beschwerlicher.

in all den Jahren unserer Imkerei jedoch noch nie als Nachteil der Holzbeute erlebt.

Dein erstes Bienenvolk

Das Wichtigste, um einen schönen, leichten Zugang zur Imkerei und der Schönheit des Imkerns zu bekommen, ist ein Bienenvolk von höchster Qualität. Also lasst auch hier die Finger von Billigangeboten auf fragwürdigen Internetplattformen. Wir tauschen uns ständig mit den Teilnehmenden unserer Imkerkurse aus, auch nach Abschluss der Kurse, und haben daher zu diesem Thema nicht nur schon selbst einiges erlebt, sondern noch viel mehr gehört. Natürlich kann es auch gutgehen, das sei jedem gegönnt, aber immer wieder brauchte der ein oder andere schnell eine neue Königin und/oder die Völker kamen nicht so richtig in die Gänge. Es hat sich daher gezeigt, dass eine gute Königin und ein „funktionierendes" Bienenvolk unheimlich wichtig sind, um am Anfang das Gelernte Schritt für Schritt umzusetzen und nicht in Stress und Unsicherheit zu kommen.

Was muss das Bienenvolk also mitbringen?

– **Gesundheit** Das ist die wichtigste Voraussetzung und steht ganz oben
– **Sanftmut** Das Bienenvolk sollte nicht sofort losstechen, was (unter anderem) sehr stark genetisch bedingt ist.
– **Wabenstetigkeit** Die Bienen sollten mir nicht ins Gesicht fliegen, wenn ich den Deckel öffne, oder von der Wabe weglaufen. Normalerweise bleiben sie einfach sitzen. Das macht das Beobachten, Lernen, Imkern viel einfacher, da deutlich mehr Ruhe im Bienenvolk herrscht.
– **Honigertrag** Und am Schluss kommt der Honigertrag, denn anfangs wollen wir vor allem Sicherheit im Umgang mit den Bienen erlernen. Ob wir dabei 10 oder 30 kg Honig ernten, wird nicht relevant sein – Hauptsache, für die Kinder, den Nachbarn, die Oma, … gibt es ein Glas – und das sollte in den meisten Fällen möglich sein.

Im Wesentlichen ist das auch die Reihenfolge, nach der wir unsere Völker aussuchen. Der Honigertrag ist bei uns etwas stärker gewichtet, aber die Reihenfolge bleibt dennoch dieselbe.

Der Stockmeißel ist eines der wichtigsten Werkzeuge und immer mit dabei.

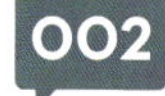

Raucher

In diesem Video wird gezeigt, wie man den Raucher anzündet.

WELCHE AUSRÜSTUNG BRAUCHE ICH?

Imkern ist im Hobbybereich keine „Materialschlacht", auch wenn dies von vielen Seiten – hauptsächlich aus Kreisen der Hersteller – oftmals suggeriert wird. Auch nach vielen Jahren Imkertätigkeit ist es für mich immer noch überraschend, wofür es alles Werkzeuge, Hilfsmittel usw. im Imkerbedarfshandel gibt. Wir arbeiten eigentlich nur mit drei Werkzeugen:

Der Stockmeißel

Der Stockmeißel ist das Universalwerkzeug, um den verkitteten Beutendeckel zu lösen, die Rähmchen auseinanderzuschieben, Wachs an den falschen Stellen abzuschaben, und zur Not auch als Schraubenzieher, Schnitzmesser usw. zu gebrauchen oder auch, um einen Stachel zu entfernen. Es gibt ihn in verschiedenen Ausführungen, die sich in der Form etwas unterscheiden. Hier muss jeder die für sich angenehmste Form finden. Ich arbeite am liebsten, d.h. ausschließlich, mit dem amerikanischen Stockmeißel, der für knapp 8–10 Euro zu bekommen ist.

Stockmeißel und Raucher sind für mich eine Einheit, immer dabei, wenn es zu den Bienen geht – in den allermeisten Fällen auch die einzigen Werkzeuge, die ich mit zu den Bienen nehme. Daher ist es, wenn es nicht gerade um die Honigernte oder andere größere Arbeitsschritte geht, auch in unserer Erwerbsimkerei noch möglich, mit dem Fahrrad oder dem Kinderwagen zum Bienenstand zu fahren oder zu laufen.

Der Raucher

Qualitativ gibt es beim Raucher zwei Klassen: einmal mit Blasebalg aus Kunststoff. Hiervon rate ich

1. Hobelspäne, Heupellets und Tannenzapfen eignen sich als Brennmaterial.

2. Mit dem Gasbrenner angezündet ...

3. ... raucht der Smoker ewig, sodass man in Ruhe an den Beuten arbeiten kann.

1

2

3

dringend ab, denn oftmals reißt der Kunststoff nach ein paar Monaten ein und der Raucher ist nicht mehr zu gebrauchen. Daher lohnt es sich, einen kleinen Aufpreis zu bezahlen und einen Raucher mit ledernem Blasebalg zu erwerben. Diese Raucher überleben auch in unserem Betrieb ohne Probleme mehrere Jahre.

Bei der Größe des Rauchers ist eine mittlere Größe zu empfehlen, auch bei geringen Völkerzahlen, denn diese sind im Vergleich zu den kleinen Größen leichter anzuzünden und brennen besser. Die ganz großen Raucher hingegen halte ich für überdimensioniert. Auch wir verwenden bei uns die mittlere Größe, die mit ein paar Tricks auch den ganzen Tag durchrauchen können.

Als Rauchmaterial gibt es getrocknetes Schilfgras, Heimtierpellets, Tannen- oder Kieferzapfen, Hobelspäne und Eierkartons, spezielle Räuchertabaks und sonstige Mischungen ... Hier muss jeder seinen eigenen Weg finden. Wir verwenden meist einen Eierkarton zum Anzünden und dann entweder Hobelspäne, Zapfen oder Heupellets. Letztere brennen ewig, stinken nicht so erbärmlich wie zum Beispiel purer Eierkarton und sind sehr kostengünstig.

Der Schleier

Je nach persönlichen Vorlieben und auch nach Aggressivität des Bienenvolkes empfiehlt es sich, einen Schleier zumindest dabeizuhaben. Ich persönlich habe bei 90 % der Aufgaben (die Mitautorin schätzt eher 99,9 % …) keinen Schleier auf, da mich dieser beim Sehen einschränkt und zum Schwitzen bringt. Klar: Die Bienenvölker müssen so sanftmütig sein, damit dies auch machbar ist. Wer sich unsicher ist, nimmt am Anfang lieber einen Schleier zur Hand, denn, wie schon gesagt, Bienen merken, wer nervös ist, und dann läuft es unter Umständen nicht ganz so gut.
Beim Schleier gibt es viele unterschiedliche Modelle. Vom einfachen Schlupfschleier um die 30 Euro bis hin zum Gitternetzgewebe inklusive Jacke für über 100 Euro. Ich besitze letzteren, da das Netzgewebe praktisch jeden Luftzug durchlässt und damit vor allem im Sommer erheblich angenehmer zu tragen ist. Für den Anfang empfiehlt sich ein Schleier mit Jacke. Auf ganze Kombinationen, sprich Schleier, Jacke, Hose habe ich schon immer verzichtet. Bis diese angezogen sind, ist der halbe Tag vergangen. Eine normale robuste Arbeitshose reicht vollkommen. Bei Allergikern sieht das natürlich anders aus.

Handschuhe

Von Handschuhen rate ich, wenn nicht persönliche Gründe dafürsprechen, eigentlich ab: Man greift mit Handschuhen schlechter als ohne, hat weniger Gefühl in den Fingern und braucht deshalb für jeden Handgriff länger. Ein wenig Propolis an den Händen sollte den Bienenliebhaber nicht stören, auch Wachs und selten mal ein Stich, wenn man nicht aufpasst und in eine Biene greift, ist manchmal nicht zu vermeiden.
Grundsätzlich ist es jedoch von Vorteil, zumindest Handschuhe zu besitzen und auch zu wissen, wo sie sich befinden. Ich erinnere mich an eine Situation in unserer Anfangszeit, in der Sebastian nach Schleier *und* Handschuhen verlangt hat und wir froh waren, dass wir diese auch dabeihatten. Denn auf dem Transport ist uns ein Spanngurt gerissen und eine Beute inklusive Honigraum umgefallen. Die Bienen waren verständlicherweise sehr aufgeregt … Das war übrigens auch der Tag (bzw. die Nacht), an dem ich meinen allerersten Stich abbekommen habe. Sebastians Stiche haben wir in dieser Nacht nicht mehr gezählt.

Oft kann auf einen Schleier verzichtet werden. Dennoch gehört er zur Grundausrüstung, die greifbar sein sollte.

SCHLEIER
STOCKMEISSEL
RAUCHER

DER BIEN – EIN BISSCHEN BIENEN-BIOLOGIE

DIE „GEBURT" EINER BIENE

Nach 21 Tagen ist es so weit – eine Arbeiterin schlüpft, nachdem sie als Larve von den Ammenbienen versorgt wurde.

JEDE BIENE HAT FESTE AUFGABEN

Die Biene

Während der Begriff „Biene" die einzelnen Tiere in einem Volk beschreibt, meint der Begriff „Bien" ein Bienenvolk in seinem ganz eigenen Wesen. Der Bien ist ein „Superorganismus".

Der Bien besteht aus vielen unterschiedlichen „Bienenwesen" – Königin, Arbeiterinnen und Drohnen verschiedener Altersgruppen. Lebensfähig ist dieser Organismus erst durch das Zusammenhalten und -arbeiten der einzelnen Individuen. Vermutlich erklärt sich so, warum Bienen stechen und damit ihr eigenes Leben lassen, wenn ihr Volk bedroht ist, warum sie, bevor sie verhungern, jeden Futterkrümel teilen und warum Drohnen große Anstrengungen unternehmen, ihre einzige Bestimmung zu erfüllen – nämlich eine Königin zu begatten –, obwohl das gleichzeitig ihr eigenes Todesurteil ist.

DIE ARBEITERIN

Die Arbeiterin ist das kleinste Wesen im Bienenorganismus, dafür machen die Arbeiterinnen den größten Teil des Volkes aus. Der Körper aller Honigbienen besteht aus drei Teilen, nämlich Kopf, Thorax und Hinterleib. Die Arbeiterin besitzt einen Magen, einen Darm, einen Fettkörper, aber auch eine Honigblase und eine Wachsdrüse. Außerdem hat eine Biene vier Flügel und zwei Antennen und ja, auch einen Giftstachel.
Die Arbeiterin schlüpft nach 21 Tagen. Sie wird zuvor von den Ammenbienen drei Tage lang mit eigens von ihnen produziertem Futtersaft, dem „Gelée Royale" gefüttert. Ab dem vierten Tag bekommen die Arbeiterinnenlarven eine Mischung aus Honig, Pollen und Gelée Royale.

Der „Bien" bezeichnet den Superorganismus eines Bienenvolkes. Die Honigbienen leben in einer Gemeinschaft, sind untereinander organisiert und bringen als großes Ganzes Leistungen, zu denen ein einzelnes Tier nicht fähig wäre.

Sommerbienen und Winterbienen

Die Winterbienen können ein Dreivierteljahr alt werden. Sie werden von Beginn an besser gepflegt, fünf Ammenbienen kümmern sich um sie, sie erhalten eine bessere Futterversorgung und haben so eine längere Lebensdauer. Sebastian behauptet immer, Winterbienen haben im Vergleich zu den Sommerbienen einen Bierbauch, den habe ich aber noch nie entdeckt. Sommerbienen schlüpfen von Februar bis ungefähr August. Hier ist eine Ammenbiene für drei bis fünf Larven zuständig. Im Sommer leben Arbeiterinnen nur ca. 35 Tage, während derer sie streng organisierte altersgemäße Aufgaben haben: Sie putzen, heizen, füttern und bauen, nehmen Nektar entgegen, verteidigen und sammeln. Zuerst sind sie im Innendienst tätig, der Außendienst beginnt frühestens ab dem 15. Lebenstag. Das hat durchaus seinen Sinn: Die Flugbienen sollen erfahren und – wie kann man das vielleicht freundlicher formulieren? – lieber sowieso schon alt sein, denn ihre Jobs sind deutlich gefährlicher als die der Stockbienen. Überall lauern Gefahren: Vögel, andere Insekten, Regen... Die Wassersammlung ist nicht ohne, die Biene droht weggeschwemmt zu werden, und die ca. 500 Spurbienen eines Volkes leben sogar besonders gefährlich, da sie schon früh morgens ausfliegen, wenn es noch kalt ist.
Doch so festgelegt diese Arbeitsteilung auch ist – erstaunlicherweise kann das Volk sie bei Bedarf dynamisch gestalten. Wenn es zum Beispiel bereits genug Wächterbienen gibt, wird diese Aufgabe übersprungen oder wenn es mehrere Tage hintereinander regnet und keine Sammlerinnen benötigt werden, übernehmen ältere Arbeiterinnen auch wieder die Brutpflege der Larven oder fangen sogar wieder an, Wachs auszuschwitzen.
Doch egal, welche Aufgabe die Arbeiterinnen letztendlich übernehmen, sie sammeln und arbeiten fast durchgehend bis zu ihrem Tod. Und alles für das Volk.

Arbeiterinnen auf einer Wabe. Das Leben beginnt im Innendienst.

DIE BIENENKÖNIGIN

God save the queen! Die Königin, auch Weisel genannt, ist das Herz oder auch der Motor des Bienenvolkes. Sie ist die einzige Biene, die befruchtete Eier legen kann. Ihre Leistungsfähigkeit ist enorm, sie legt bis

1. Die Königin ist länger als ihre Untertaninnen.

2. Sie legt bis zu 2000 Eier am Tag, hier als kleine weiße Stifte in den Waben zu sehen.

zu 2000 Eier am Tag – diese wiegen zusammen das Doppelte ihres eigenen Körpergewichtes. Das geht nur mit Superfutter: Während des gesamten Larvenstadiums wird sie mit einem von den Ammenbienen erzeugten Futtersaft, dem Gelée Royale, gefüttert. Obwohl sie deutlich länger ist als ihre Geschlechtsgenossinnen und deshalb in sogenannten Weiselzellen aufgezogen wird, die größer sind und natürlich extra für Ihre Majestät angelegt werden, schlüpft sie durch das Superfutter bereits nach 16 Tagen. Auch hier haben wir es wieder einmal mit einem der Geheimnisse der Bienen zu tun: Das Leben einer Königin beginnt genau wie das jeder anderen weiblichen Biene: In einem befruchteten Ei, das die (alte) Königin zuvor in eine der Zellen gelegt hat. Und aus diesen vielen Tausend Eiern, die sich zur gleichen Zeit im Volk befinden, suchen die Ammenbienen, die zu dieser Zeit für die Brutpflege zuständig sind, ein paar wenige aus, die künftige – mögliche – Königinnen beherbergen sollen – wie und warum sie diese Entscheidungen treffen, weiß bisher niemand, der nur zwei Augen hat. Nach dem Schlupf setzt die Königin meist ihren Stachel ein, um Rivalinnen, d.h. parallel aufgezogene weitere Königinnen, zu töten – schließlich darf es in einem Bienenstaat immer nur eine Königin geben.

(Jedenfalls theoretisch. Wir haben das auch einmal einer Gruppe von Besuchern erzählt. Als wir im Anschluss das Bienenvolk aufmachten und reinschauten, befanden sich auf verschiedenen Waben zwei Königinnen… Nun ja, Ausnahmen bestätigen bekanntlich die Regel.)

Um friedliche und gesunde Bienen zu züchten, werden ausgewählte, junge Königinnen zur Begattung in Minivölkchen zu Belegstellen gebracht, wo nur bestimmte Drohnen sind.

Der Hochzeitsflug

Wenn sie nach ungefähr einer Woche geschlechtsreif und auch das Wetter passend, d.h. sonnig, warm und nicht zu windig, ist, geht die Königin auf Hochzeitsflug: Ihr „erstes Mal“ bleibt dabei gleich ihr einziges und man sollte es sich auch nicht zu romantisch vorstellen: Zunächst einmal muss die Königin ungewohnte bis zu zwei Kilometer weit fliegen. Dann muss sie auf bis zu 20 000 (!) Drohnen aus vielen verschiedenen Völkern warten, die zum Drohnensammelplatz gekommen sind, um ihren Lebenzweck zu erfüllen. Die Drohnenansammlung hebt ab und fliegt um die Königin herum. Im Flug dockt der erste „Glückliche“ an die Königin an. Besonders ausdauernd sind die Bienenjungs jedoch nicht: Er verausgabt sich so, dass er anschließend leblos zu Boden fällt – und Platz macht für den nächsten. Und dieser nach kurzer Zeit wieder für den nächsten ... Maximal 10 Millionen Spermien speichert die Königin während ihres Hochzeitsfluges in ihrer Samenblase, ein Vorrat, der ihr Leben lang reichen wird. Die nächsten vier Jahre wird sie täglich bis zu 2 000 Eier legen.

Hierfür prüft sie zunächst – vorwärts – die Sauberkeit einer Zelle und rangiert anschließend wieder rückwärts hinein, um ein Ei hineinzulegen.

In eine Arbeiterinnenzelle wird ein befruchtetes Ei gelegt und in eine Drohnenzelle ein unbefruchtetes.

Wenn die Königin fehlt

Wenn ein Volk länger als drei Wochen keine Königin hat, können auch Arbeiterinnen unbegattete Eier legen, aus denen dann „nur“ Drohnen schlüpfen. Normalerweise unterdrücken die Pheromone der Königin die Eiablage der Arbeiterinnen. Das ist auch nur eine Notlösung, um das

1. Diese Mini-Völkchen finden in der Zucht Verwendung.

2. Und so sieht das Rähmchen aus einem Begattungskasten aus.

Fortbestehen des Volkes zumindest über die männliche Genetik noch eine Weile zu sichern. Wenn es irgend möglich ist, ziehen die Arbeiterinnen bei einem unerwarteten Tod der Königin eine neue Königin heran. Das ist allerdings nur dann möglich, wenn es passende, d.h. noch sehr junge Brut gibt. Nach drei Tagen schlüpft aus dem Ei eine Larve und in den ersten drei Tagen als Larve werden die zukünftigen Königinnen und Arbeiterinnen noch gleich behandelt, beide erhalten zunächst reinen Futtersaft. Ab dem dritten Tag wird das Futter der Arbeiterinnenlarven dann, wie oben schon erwähnt, mit Honig und Pollen „gestreckt", die Königinnenlarven hingegen werden weiterhin ausschließlich mit Gelée Royale gefüttert. Fünf Tage nachdem die Larve aus dem Ei geschlüpft ist und kräftig an Gewicht und Größe zugenommen hat, verwandelt sie sich in eine sogenannte Puppe. Die Ammenbienen verschließen die Zelle der zukünftigen Königin mit einem Wachsdeckel und innerhalb von acht Tagen ist aus der Bienenpuppe eine Bienenkönigin geworden, die normalerweise einen Hofstaat von acht bis fünfzehn Arbeiterinnen um sich schart, die dafür sorgen, dass es Ihrer Majestät an nichts fehlt.

1

2

Der Drohn

Die männliche Biene ist deutlich größer und kräftiger und hat auch größere Augen.

DER DROHN

Die männlichen Bienen werden Drohnen genannt. Sie leben normalerweise zwischen zwei und vier Monate lang und schlüpfen nach 24 Tagen aus einem unbefruchteten Ei, ihre Entwicklung dauert also nochmals drei Tage länger als die einer Arbeiterin, sie werden dafür auch größer und kräftiger.
Um ein Drohnenei zu legen, lässt die Königin den väterlichen Samen einfach weg. Dadurch haben die armen Kerle keinen Papa (der aber, wie wir bereits wissen, ohnehin schon tot wäre), denn ihr Erbgut wird nur von der Mutter weitergegeben.
Drohnen sind einzig und allein für die Begattung junger Königinnen zuständig, arbeiten tun sie nie. Im Gegenteil, sie lassen sich von den Arbeiterinnen füttern und versorgen, und können, wenn ihnen der Weg in ihr eigenes Volk zu weit ist, auch in anderen Völkern unterkommen – um dort anschließend verpflegt und umsorgt zu werden.
Im Unterschied zu den Arbeiterinnen ist der Körperbau deutlich stärker ausgeprägt, um bis zu 18 Kilometer weit fliegen zu können. Zudem haben die Jungs noch viel größere Augen, um sich auf ihren teilweise sehr weiten Ausflügen zu den Drohnensammelplätzen zu orientieren – und natürlich, um mit ihnen nach den jungen Königinnen Ausschau zu halten.

Lange Entwicklungszeit

Hier zeigt sich einmal mehr, wie ausgeklügelt das ganze System ist: Die Königin braucht nur 16 Tage, um sich zu entwickeln, das verlangt ihren Ammen aber auch einiges ab, denn die Futtersaftproduktion kostet sehr viel Energie und damit Lebenszeit. Die kleinen Arbeiterinnen benötigen 21 Tage, ihre Anatomie ist für ihre Aufgaben ausgelegt, so wird Entwicklungszeit und entsprechend Energie gespart, auch ihr Futter besteht aus einer leichter verfügbaren Mischung als das kostbare reine Gelée Royale. Die muskelbepackten Drohnen brauchen ganze 24 Tage, bis sie „fertig“ sind und hier ist dieses Mehr an Entwicklungszeit ja auch gut investiert, da sie für die Arterhaltung unter Umständen viel weiter fliegen müssen.
Die Natur geht aber auch in allen Bereichen sparsam mit ihren Energien um, und weil es für die Bienen sparsamer ist, im Frühjahr neue Drohnen zu erzeugen als die Männer den ganzen Winter über durchzufüttern, müssen die Drohnen, bevor es Winter wird, den Stock verlassen. Diejenigen, die nicht freiwillig gehen, werden bei der sogenannten Drohnenschlacht vertrieben. Unbegattete Königinnen gibt es im Bienenjahr aus-

schließlich während der Schwarmzeit von Ende April bis Mitte Juli, und nur dann werden die Drohnen gebraucht. Also überwintert die Königin mit den Arbeiterinnen alleine.

Wusstest du, dass Drohnen keinen Stachel haben? Ihre einzige Aufgabe ist schließlich die Begattung der Bienenköniginnen.

Drohnensammelplätze

Bei schönem Wetter fliegen die Drohnen an sogenannte Drohnensammelplätze und warten dort auf eine junge Königin auf dem Hochzeitsflug. Sobald eine vorbeikommt, starten mehrere Drohnen von verschiedenen Bienenvölkern und begatten die Königin in der Luft. Wie oben schon kurz erwähnt, überleben Drohnen einen erfolgreichen Hochzeitsflug nicht. Sie sterben, wenn sie es tatsächlich schaffen, eine Königin zu begatten, durch Verletzungen, die beim Ausstülpen des Begattungsapparats während des Akts entstehen. Lebenszweck erfüllt. Drohnen, die nicht zum Zuge kommen, kehren am Abend in das Bienenvolk zurück und sind dann in den nächsten Tagen wieder am Drohnensammelplatz zu finden.
Was Drohnensammelplätze kennzeichnet oder vielleicht auch, wie sich die Drohnen einigen, welche Plätze geeignet sind, konnte bisher noch nicht herausgefunden werden und ist wieder eines der ungelösten Geheimnisse der Bienen.

Drohnen können nicht stechen, daher geben wir sie auch Kindern auf die Hand.

DAS VOLK WÄCHST

Im Mai ist das Nahrungsangebot am größten, das Volk wächst und will expandieren. Dann kann es passieren, dass die alte Königin mit der Hälfte der Arbeiterinnen das Volk verlässt, sie schwärmen.

EIN STARKES VOLK!

Der Schwarmtrieb

Der Schwarmtrieb ist der natürliche Vermehrungsprozess der Honigbiene. Vor allem im Mai, wenn Nektar im Überfluss vorhanden ist, wächst das Bienenvolk rasant.

Große Honigmengen wollen eingelagert werden. Der Platz wird eng. All dies, sowie das Alter der Königin und viele noch ungelöste Rätsel oder auch unerforschte Einflüsse führen zum Schwarmtrieb bei unseren Honigbienen. Das Volk zieht sich eine zweite Königin heran und hat dadurch die Möglichkeit, sich zu teilen. Die alte Königin verlässt mit der Hälfte des Bienenvolkes – wer alles mitgeht und warum, wissen wir nicht – den bisherigen Bienenkasten und die „neue" Königin bleibt mit der anderen Hälfte des Bienenvolkes zurück. Auch hier zeigt sich die bemerkenswerte Logik im sozialen Wesen der Honigbienen, die Risikoteilung: Der abfliegende Teil hat eine begattete Königin, aber das Risiko, keine passende Behausung zu finden. Die Zurückgebliebenen haben eine passende Behausung, aber das Risiko, dass die junge Königin auf dem Begattungsflug abhandenkommt.

BESONDERES NATURSCHAUSPIEL

Wer schon einmal beim Auszug eines Bienenschwarms dabei war, weiß, was für ein beeindruckendes Naturschauspiel das ist. Ein Schwall von Bienen ergießt sich aus dem Flugloch und innerhalb weniger Minuten ist die Luft erfüllt vom Summen Tausender Bienen. Bald jedoch lichtet sich das Spektakel und die Bienen sammeln sich zur Schwarmtraube – und mittendrin befindet sich die Königin. Meist an einer Stelle ganz in der Nähe des ursprünglichen Zuhauses sammeln sich die Bienen zum ersten Mal außerhalb des alten Bienenkastens. Das kann an einem Ast, einem Zaunpfahl, am Griff eines Rasenmähers o. Ä. sein. Von diesem ersten Sammelplatz fliegen Kundschafterinnen aus, um nach einer neuen geeigneten Behausung zu suchen. Sobald aus Bienensicht ein neues Zuhause gefunden wurde, hebt der Schwarm ab.

Der Raps blüht

Mit der Obstbaum- und der Rapsblüte im Mai wachsen auch die Völker.

Fehlende Nistmöglichkeiten und Nahrungsmangel

Doch bei der Suche nach einer Behausung fangen die Schwierigkeiten für das Bienenvolk meist schon an:
In der Natur nisten Bienen vor allem in hohlen Baumstämmen. Die sind aber in unserer heutigen Landschaft relativ rar. So passiert es, dass der Schwarm meist keine passende Behausung findet und die Arbeiterinnen aus Not beginnen, Waben im Freien zu errichten. Ungeschützt vor Wind, Regen und Räubern ist das Bienenvolk letztendlich dem Tode geweiht. Hinzu kommt noch, dass bei nicht betreuten Schwärmen oder Völkern keine Varroabehandlung erfolgt. Die Milbenlast steigt stark an und das Bienenvolk wird im Winter sehr wahrscheinlich eingehen.
Ein weiteres Problem ist das fehlende Nahrungsangebot. Es gibt kaum noch große Trachten, der Speiseplan der Bienen ist in den letzten Jahrzehnten zum Teil stark geschrumpft und weist (auch abhängig von der landwirtschaftlichen Nutzung) große regionale Unterschiede auf. Meist reicht das Nahrungsangebot nicht aus, um genügend Vorräte für den Winter anzulegen. Das Volk verhungert. So ein Schicksal wünscht man keinem Bienenvolk, daher versuchen viele Imker das Schwärmen möglichst zu verhindern. Dazu mehr im Kapitel „Schwarmkontrolle“auf Seite 108.

Einfach einfangen?

Nun fragt ihr euch vielleicht: Könnte man die Schwärme nicht einfach wieder einfangen? Ja, natürlich könnte man. Doch welcher Imker kann dies garantieren? Ist tagsüber auf Abruf verfügbar? Traut sich in fünf Meter hohe Baumkronen?
Im ersten Jahr wollen wir uns jedenfalls mit dem Imkern nicht überfordern und brechen einfach die entsprechenden Königinnenzellen aus, bevor die junge Königin schlüpft und es zur Teilung des Bienenvolkes kommt. In späteren Jahren, wenn das Imker-Einmaleins sitzt, lässt sich der Schwarmtrieb prima zur bienengemäßen Vermehrung nutzen. Dies wollen wir hier aber nicht vertiefend behandeln.

Schwärmende Bienen sind ein spektakuläres Schauspiel: Zu Tausenden erheben sie sich in die Luft, …

… um dann an einem Ort in der Nähe eine Traube zu bilden. Die Königin befindet sich in der Mitte.

FLEISSIGES TREIBEN AM FLUGLOCH

Regelmäßiger Flugverkehr der Sammlerinnen. Wenn dann noch Pollen eingebracht wird, ist alles in Ordnung.

AUCH BIENEN WERDEN MAL GEGESSEN

Gefahren für das Bienenvolk

Im Wesentlichen gibt es vier Gefahren für ein Bienenvolk: Dazu zählen Nahrungsmangel, Gifte, andere Tiere und die Fehler des Imkers.

NAHRUNGSMANGEL

Durch die intensive landwirtschaftliche Nutzung, insbesondere das mehrmalige Mähen der Wiesen von Mai bis Oktober und die Nachsaat entsprechender Gräser für Energie und Wachstum, sind bei uns meist nur noch für Insekten uninteressante Gräser zu finden. Ähnliches gilt für den Ackerbau. Hier sind blühende Wildkräuter, Gräser oder Blumen selten geworden, da diese unerwünscht sind, denn sie schmälern den Ertrag. Nicht zu vergessen ist die Versiegelung unserer Landschaft. Wo entstehen nicht Neubaugebiete für Wohnen, Industrie und Gewerbe, werden Straßen neu gebaut? Oftmals werden zwar ökologische Ausgleichsmaßnahmen gefordert und umgesetzt, diese könnten aber aus ökologischer Sicht deutlich großzügiger und auch mancherorts sehr viel sinnvoller ausfallen.
All dies führt und führte vor allem zu einer Verknappung an Hecken, Gebüschen, Wildkräutern, Wildblumen, Feuchtwiesen usw. und schränkt daher die Lebensräume für Insekten und auch viele andere Tierarten deutlich ein. Hinzu kommt noch die sogenannte Lichtverschmutzung, gerade Insekten werden ja bekanntlich von Straßenlaternen, beleuchteten (Schau-) Fenstern usw. im Dunklen magisch angezogen.

GIFTE

Hauptsächlich sind hier Pflanzenschutzmaßnahmen zu nennen. Wir hatten zum Glück noch nie direkte Vergiftungen an den Bienenvölkern, die uns aufgefallen wären. Ein wenig kann hier mit der Standortwahl gesteuert werden, und man spricht ja auch mit den Landwirten. Wichtig ist uns, bei diesem heiklen Thema klarzustellen, dass wir persönlich sehr gute Erfahrungen im Austausch mit Landwirten gemacht haben, aber es gibt dennoch immer wieder Fälle, in denen Bienenvölker durch Pflanzenschutzvergiftungen sterben.

Falsch eingeschätzt

Neben äußeren Faktoren können auch imkerliche Fehler eine Gefahr darstellen.

Politischer Exkurs

Ab und zu finden sich so hohe Rückstände an Pflanzenschutzmitteln im Honig, dass er als Sondermüll vernichtet werden muss. Bekannt geworden ist hier der Fall einer Bio-Imkerei in Brandenburg im Jahr 2019. Hier wurde der Grenzwert für Glyphosat um das 160-fache überschritten und 500 kg Honig wanderten daraufhin in die Müllverbrennungsanlage. Mehr dazu: https://www.aurelia-stiftung.de/projekt/glyphosat-im-honig-seusing/

Hier sollte die Politik mit einem geänderten Haftungsrecht vorbeugen. Bisher zahlt nämlich meist der Imker den gesamten Schaden, auch wenn er selbst keinen Einfluss auf den Einsatz der Pflanzenschutzmittel hat. Hier fehlt uns Imkern leider immer noch die Lobby, obwohl es momentan so zu sein scheint, dass alle Welt Interesse an den Bienen zeigt. Aber dass tatsächlich etwas für uns getan wird, das uns das Imkern erleichtert, uns dieses immense Risiko etwas verkleinert, welches wir eingehen, wenn wir versuchen, von der Imkerei zu leben, bleibt bisher jedenfalls noch Wunschdenken.

Zumindest könnte zugunsten der Imker eine Beweislastumkehr erfolgen, wenn wir nachweisen können, an welchem Rapsacker wir unsere Bienen – mit Zustimmung des Landwirts – aufgestellt hatten und wenn dann unser Rapshonig erhebliche Rückstände aufweist oder unsere Bienenvölker aufgrund von tagsüber erfolgtem Glyphosateinsatz eingegangen sind.

Wünschenswert wäre darüber hinaus, den Pflanzenschutzmittelhersteller selbst für den entstandenen wirtschaftlichen Schaden belangen zu können, sollte Honig durch Verunreinigungen, z. B. infolge von Abdrift, nicht verkehrsfähig sein. Dieser wiederum könnte dann, sofern er einen Verstoß gegen die Anwendungsvorschriften nachweisen kann, den Landwirt haftbar machen. Dann würde endlich jeweils derjenige haften, der den Schaden verursacht hat, und nicht der, der am wenigsten dafür kann.

Die meisten landwirtschaftlichen Einsätze von Pflanzenschutzmitteln bedeuten nicht den sofortigen Bienentod. Aber sie sorgen dafür, dass die Diversität an Kräutern, Gräsern und Wildblumen stark reduziert wird.

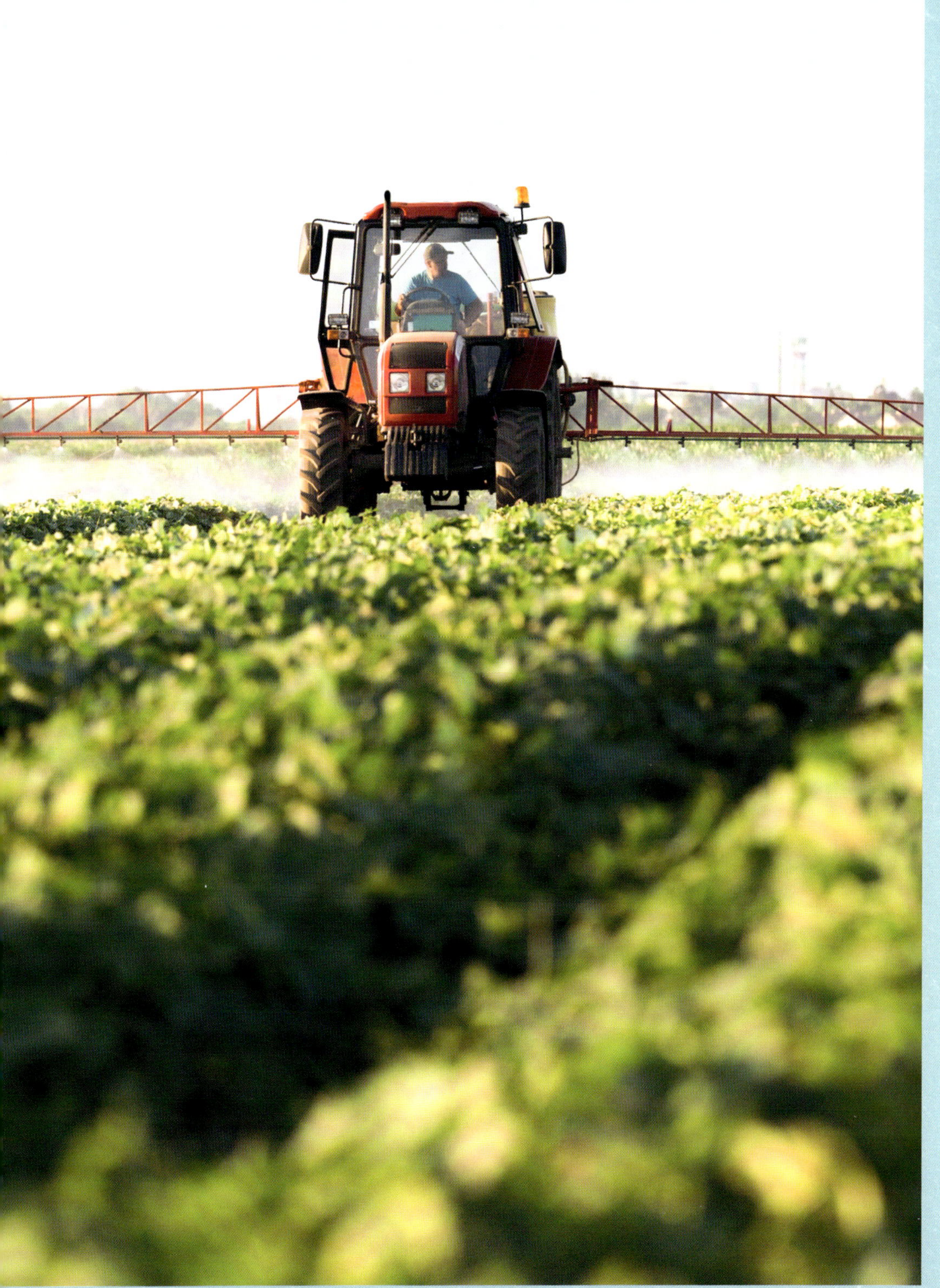

1

2

1. Schnell ist die Beute aufgehackt – auch ein Specht ....

2. ... kann ein Bienenvolk oder ein Insektenhotel als Nahrungsquelle entdecken.

FASTFOOD FÜR HUNGRIGE SPECHTE

Indirekte Wirkungen

Neben diesen bereits sehr unerwünschten direkten Wirkungen haben Pflanzenschutzmittel die aus Imkersicht unerwünschte Nebenwirkung, dass sie zur Verringerung des Nahrungsangebotes beitragen, denn ohne den Einsatz von Herbiziden würde auf den Äckern viel mehr blühen. Natürlich haben nicht ausschließlich die Landwirte Schuld an der Not der Bienen und damit auch der Imker. Auch die Imker selbst haben diverse „Wundermittel“ in die Bienenvölker eingebracht, die sich später als giftig herausstellten. Einige dieser Altlasten finden sich immer noch als Rückstände in aktuell immer noch verkauftem Wachs. Gerade deshalb ist es sinnvoll, sorgfältig darauf zu achten, womit unsere Bienen in Kontakt kommen und sich z.B. mit der Wachsherkunft zu beschäftigen – am besten erntet man sein eigenes Wachs. Wir waren sehr froh darüber, dass wir aufgrund unseres eigenen geschlossenen Wachskreislaufs keine Sorge haben mussten, von dem vor einigen Jahren viele Imker angehenden „Wachs-Skandal“ betroffen zu sein.

Wir wollen euch hier keine Angst machen oder euch gar die Lust am Imkern verderben. Vergiftungen und Rückstände sind nicht alltäglich. Besonders besonderd gefährdet gelten Raps- und intensiver Obstbau. Hier ist es aber auch so, dass gefährliche Pflanzenschutzmittel nur so ausgebracht werden dürfen, dass Bienen nicht mit ihnen in Kontakt kommen, zum Beispiel nach Ende des Bienenfluges in der Nacht und so, dass diese bis zum Beginn des Bienenfluges schon angetrocknet sind und nicht mehr von der Biene aufgenommen werden können.

VÖGEL, HORNISSEN UND ANDERE TIERE

Momentan eher nebensächlich sind die Gefahren durch andere Tiere. Klar, eine Maus oder ein Specht können im Winter, wenn die Bienen nahezu wehrlos in der Wintertraube sitzen, ein Bienenvolk zerstören, auch ein Waschbär kann immensen Schaden verursachen. Aber dies sind in der Regel Einzelfälle, denen durch imkerliche Maßnahmen vorgebeugt werden kann, wie z.B. mit einem Mäusegitter am Flugloch im Winter.

Auch passiert es von Zeit zu Zeit, dass einzelne Bienen von einem Vogel gefressen werden. In unserem Garten sitzen des Öfteren Meisen auf den Bienenkästen, die sich freuen, wenn sie eine Biene im Flug erwischen. Das tut einem natürlich leid, klar, und mir wäre es sehr Recht, wenn Meisen zugunsten von Wespen, Fliegen, Schnaken und Zecken Bienen komplett von ihrem Speiseplan streichen würden. Das fällt aber in die Kategorie Natur und ist auch nicht durch Maßnahmen wie ein zusätzliches Futterangebot für die Vögel sinnvoll zu verhindern. Richtig unangenehm für Bienenvolk und Imker ist es natürlich, wenn der Vogel die Königin auf ihrem Begattungsflug erwischt, aber in der Regel stört der Verlust weniger Bienen ein Bienenvolk kaum. Man muss sich immer wieder vergegenwärtigen, dass der „Organismus Bien“ das gesamte Volk ist, und nicht die einzelne Biene.

Die eingeschleppte Asiatische Hornisse hingegen kann größere Schäden verursachen und ein ganzes Bienenvolk verspeisen, aber das sind aktuell noch Ausnahmen und Einzelfälle.

DER IMKER

Richtig gelesen: der Imker selbst. Von ihm hängt unheimlich viel ab: die Standortsuche, die Behandlung gegen Krankheiten, insbesondere gegen die Varroamilbe, das Füttern ... Er kann im besten Fall, d.h. mit Weitsicht und Erfahrung, viele der oben genannten Gefahren erkennen und ausgleichen. Und daher sollte er in dieser Tätigkeit auch deutlich mehr Anerkennung und Unterstützung durch die Gesellschaft, von der Politik und durch Verbände erhalten.

Ein umsichtiger Imker ist sehr wichtig für das Überleben der Bienen.

12

„IMKER-RECHT“

DIE IMKEREI UNTERLIEGT VERSCHIEDENSTEN VORSCHRIFTEN

Pflanzenschutzrecht, Nachbarschaftsrecht, Veterinärrecht und Lebensmittelrecht spielen hier eine Rolle.

Öffentliches Recht

Mit dem Aufstellen deiner ersten Bienen solltest du zumindest ein bisschen etwas über deine zukünftigen Rechte und Pflichten als Bienenhalter wissen.

Wir fassen diese hier sehr kurz zusammen, und weisen darauf hin, dass diese Zusammenfassung weder abschließend ist noch eine kompetente Rechtsberatung ersetzt und sich die Vorschriften jederzeit ändern können. Außerdem beschränken wir uns auf deutsches Recht.
Ganz grob kann man das „Bienenrecht“ in „Bienenprivatrecht“ und „öffentliches Bienenrecht“ unterteilen. Es ist ein bisschen kompliziert, nicht nur, weil die Honigbiene rechtlich eine Sonderstellung einnimmt, sondern auch, weil nicht nur wir Imker, sondern auch die Allgemeinheit einen großen Nutzen von den Bienen hat. Das macht die Sache aber umso interessanter.

RECHTSBEZIEHUNG ZWISCHEN STAAT UND IMKER

Beginnen wir mit ein bisschen öffentlichem Recht: Hier geht es grob gesagt um die Rechtsbeziehungen zwischen dir als Imker und dem Staat, um die Fragen, was du zur Verhinderung von Bienenseuchen tun musst (eigentlich „Tierseuchenrecht“, wir wollen es Tiergesundheitsrecht nennen), an welchen Standorten du überhaupt Bienen (dauerhaft) aufstellen darfst (öffentliches Baurecht) und was du tun musst, um deinen Honig verkaufen zu dürfen (Lebensmittelrecht).
Es gibt noch viele weitere Regelungen, die vor allem Berufsimker betreffen, wie beispielsweise steuerrechtliche Fragen, diese lassen wir hier aber fast komplett beiseite. Nur so viel: Solange ihr weniger als 30 Bienenvölker bewirtschaftet, zählt eure Imkerei einkommensteuerrechtlich zur reinen Hobby-Imkerei.
Ansonsten wollen wir uns hier auf ein bisschen Tiergesundheits- und Lebensmittelrecht beschränken. Es betrifft die Varroabehandung und den Honig.

Honigbienen gelten zivilrechtlich als Wildtiere und nicht als Haustiere. Wer Bienen halten möchte, muss sie beim regional zuständigen Veterinär- und Lebensmittelüberwachungsamt anmelden.

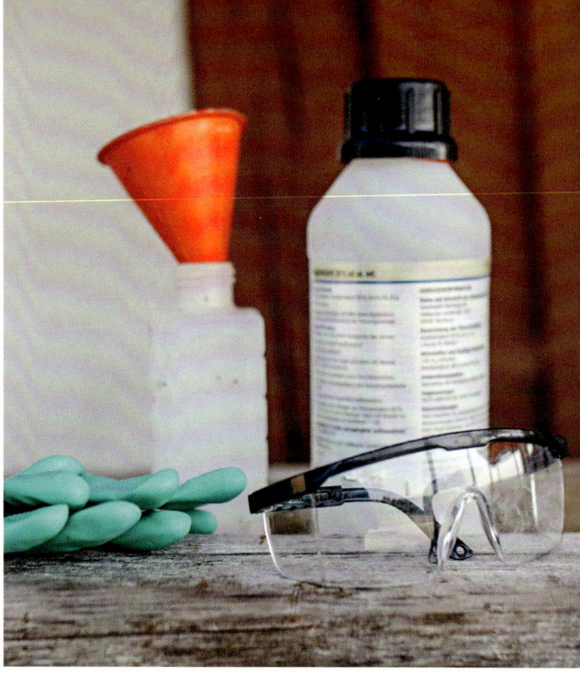

1. Der Behandlung von Bienen ist ein rechtlicher Rahmen gesetzt.

2. Tierarzneimittel müssen zugelassen sein.

TIERGESUNDHEITSRECHT

In der Bienenseuchen-Verordnung, kurz Bien-SeuchV (Kreativität ist nicht des Juristen vornehmliche Kernkompetenz ...), ist nicht nur definiert, was du unter den Begriffen „Bienenvolk" und „Bienenstand" verstehen darfst, sondern auch gleich in § 1a festgelegt, dass Bienenhaltung spätestens bei Beginn, also beim Aufstellen deines ersten Volkes, bei der zuständigen Behörde angezeigt werden muss. Dabei ist es egal, ob es sich um ein einziges Volk auf deinem Balkon oder zehn Völker auf einer gepachteten Wiese handelt. Die zuständige Behörde erfasst die angezeigten Bienenhaltungen unter Erteilung einer Registernummer und legt ein Register an. So kannst du z. B. beim Ausbruch bestimmter Krankheiten kontaktiert werden, auch wenn die Bienen nicht auf deinem eigenen Grundstück stehen.
Willst du mit deinen Bienen (vorübergehend) wandern, musst du am Bienenstand ein Schild mit deinem Namen und deiner Anschrift sowie der Völkerzahl in „deutlicher und haltbarer Schrift gut sichtbar" anbringen (§ 5a BienSeuchV), um dafür zu sorgen, dass die Bienenvölker in deiner Gegenwart vom Amtstierarzt untersucht werden können, wenn eine solche Untersuchung aus Gründen der Seuchenbekämpfung erforderlich ist. In einigen Bundesländern, z. B. bei uns in Baden-Württemberg, ist zusätzlich zur Adresse eine Kopie des Gesundheitszeugnisses anzubringen. Willst du deine Bienenvölker dagegen dauerhaft an einen anderen Ort bringen, ist der dort zuständigen Behörde eine Gesundheitsbescheinigung des für den Herkunftsort zuständigen Amtstierarztes vorzulegen (§ 5 Abs. 1 BienSeuchV). Aus der Bescheinigung muss hervorgehen, dass deine Bienen frei von Amerikanischer Faulbrut sind und der Herkunftsort deiner Bienen nicht in einem Faulbrut-Sperrbezirk liegt.

Anzeigepflichtige Tierseuchen

Gemäß dem „Gesetz zur Vorbeugung vor und Bekämpfung von Tierseuchen" musst du bei Anzeichen, die den Ausbruch einer anzeigepflichtigen

Tierseuche befürchten lassen, dies unverzüglich der zuständigen Behörde melden (§ 4 Abs. 1 TierGesG). Die Behörde kann gegebenenfalls eine amtliche Untersuchung aller Bienenvölker des verdächtigen Gebietes anordnen (§ 3 BienSeuchV). Nach § 4 BienSeuchV bist du verpflichtet, zur Durchführung von Untersuchungen die erforderliche Hilfe zu leisten.
In Deutschland, übrigens auch in allen anderen EU-Staaten und in der Schweiz, besteht eine gesetzliche Pflicht für alle Imker, eine Varroabehandlung durchzuführen. Bei uns ist dies in § 15 Abs. 1 BienSeuchV geregelt.

LEBENSMITTELRECHT

Wer Honig erntet und in den Verkehr bringt, ist nach dem Lebensmittelrecht ein Lebensmittelunternehmer. Damit trägt er die Verantwortung für die Sicherheit und einwandfreie Beschaffenheit seines Honigs. Aus dem Bienenstock kommt allerbeste, hygienisch einwandfreie Ware, kritisch wird es dann, wenn wir Imker dazukommen und die Waben entnehmen.
Das wichtigste Gesetz ist hier die Honigverordnung – genau: kurz HonigV. Sie gilt als die weltweit strengste ihrer Art. Hier ist z.B. geregelt, welche Beschaffenheit Honig aufweisen muss, welche Honigarten (also Blütenhonig, Waldhonig usw.) als Bezeichnung zulässig sind, und dass das Herkunftsland des Honigs angegeben werden muss, zum Beispiel die berühmt-berüchtigte „Mischung aus EU- und Nicht-EU-Ländern". Außerdem ist festgelegt, dass Honig keine anderen Stoffe zugefügt werden dürfen. Es gibt noch vieles zu beachten: Pflichtangaben auf den Honiggläsern gemäß § 3 HonigV, die Tierhalter-Arzneimittelanwendungs- und Nachweisverordnung, die eine Dokumentationspflicht für alle apothekenpflichtigen Arzneimittel begründet, das Arzneimittelgesetz (AMG), das regelt, welche Arzneimittel und welche Verfahren der Anwendung für Bienen zugelassen sind und vieles mehr. Das alles würde hier jedoch den Rahmen sprengen.

1. Hygiene in der Imkerei: Eine Edelstahlschleuder, ...

2. ... nur einwandfreien Honig ernten ...

3. ... und sauberes Abfüllen sowie korrektes Etikettieren sind notwendig.

1

2

3

Privatrecht

Im Bienenprivatrecht wird das Schwarmrecht, das Nachbarrecht und das Haftungsrecht geregelt. Es befasst sich mit den Rechtsbeziehungen zwischen Imkern und Privatpersonen.

Bienenflug kann in Ausnahmefällen auch Mitbürger beeinträchtigen.

SCHWARMRECHT

Welchen Stellenwert die Imkerei früher auch in Deutschland hatte, zeigt sich an der Sorgfalt, mit der gleich mehrere Gesetze des Bürgerlichen Gesetzbuches (BGB), das sogenannte Schwarmrecht, formuliert wurden. Sie räumen dem Imker Sonderbefugnisse bei der Verfolgung seiner Schwärme ein, die weit über die üblichen Selbsthilferechte des BGB hinausreichen. So darf der Imker bei der Verfolgung eines Schwarms z.B. fremde Grundstücke betreten (§ 962 Satz 1 BGB), ohne sich deshalb wegen Hausfriedensbruches (§ 123 Abs. 1 StGB) strafbar zu machen. Ist der Schwarm bereits in eine fremde nicht benutzte Bienenbeute eingezogen, so darf der Imker zum Einfangen des Schwarms die Bienenbeute öffnen und die betroffenen Waben herausnehmen oder herausbrechen (§ 962 Satz 2 BGB). Den dabei entstandenen Schaden (herausgenommene Waben, abgebrochene Äste o. Ä.) hat er natürlich zu ersetzen (§ 962 Satz 3 BGB).
Wenn der verfolgte Schwarm dagegen in eine fremde besetzte Bienenbeute einzieht, wird der Eigentümer der Bienenbeute auch Eigentümer des Schwarms (§ 964 BGB). Der bisherige Imker hat Pech und kann nicht einmal eine Entschädigung verlangen, aber dieser Fall dürfte ohnehin sehr selten sein, weil ein Schwarm üblicherweise erst gar nicht von den Wächterbienen in die besetzte Bienenbeute hineingelassen wird.
Haben sich bereits gleich mehrere Schwärme verschiedener Imker vereinigt, berechnen sich die Eigentumsanteile nach der Anzahl der verfolgten Schwärme (§ 963 BGB). Verfolgt nur ein Imker seinen Schwarm, wird er alleiniger Eigentümer aller mit seinem Schwarm vereinigten (herrenlosen) Schwärme. Die Verfolgung konnte sich also zumindest früher, als es noch viele Imker gab, durchaus lohnen.

RÜCKSICHT HILFT IM MITEINANDER

Was sich aber auch heute lohnt, schon allein, weil diese aus heutiger Sicht so kurios formuliert sind, ist, diese Paragrafen einmal im Original zu lesen, auch wenn das Schwarmrecht von Personen ohne jeden Sinn für die Schönheit dieser Vorschriften für den unbedeutendsten Regelungskreis des deutschen Privatrechts gehalten wird.

NACHBARRECHT

Das sogenannte Nachbarrecht ist der Teil des Bienenrechts, von dem am häufigsten in den Medien zu lesen ist. Es gibt viele Urteile, die man auch als Nicht-Jurist gut lesen kann, und meistens geht es darum, ob ein Nachbar Bienen auf dem Nachbargrundstück dulden muss oder nicht. Die Bienenhaltung im eigenen Garten ist grundsätzlich erlaubt und meist auch unproblematisch. Das Gleiche gilt für ein fremdes Grundstück, das der Imker zu diesem Zweck gepachtet hat oder für das ein Einverständnis des Eigentümers vorliegt.

Vernünftige Nachbarn freuen sich an der Bestäubung ihrer Apfelbäume. Es schadet jedoch nicht, sich mit seinen Nachbarn auszutauschen, bevor man die ersten Bienenstöcke aufstellt, und zu erklären, dass von den Bienen keine Gefahr ausgeht. Meist kann man so – und mit einem kleinen Gläschen Honig als Mitbringsel – vermeiden, dass es überhaupt zu einem Rechtsstreit kommt. Was gilt jedoch, wenn es zu einem Streitfall kommt?

Der Blick ins Gesetz erleichtert die Rechtsfindung.

Schauen wir hierfür nochmals ins Bürgerliche Gesetzbuch: Hier steht in § 903 Satz 1 BGB: „Der Eigentümer einer Sache kann, soweit nicht das Gesetz oder Rechte Dritter entgegenstehen, mit der Sache nach Belieben verfahren und andere von jeder Einwirkung ausschließen." Das gilt auch für den Eigentümer eines Grundstücks.

Beeinträchtigungen

Wird nun dieses Eigentum beeinträchtigt, so kann der Eigentümer von dem sogenannten „Störer" (ja, das steht so im Gesetz) die Beseitigung der Beeinträchtigung verlangen, § 1004 Abs. 1 BGB. Das ist aber dann ausgeschlossen, wenn der Eigentümer zur Duldung verpflichtet ist, das steht in Absatz 2. Und eine solche Duldungspflicht kann sich insbesondere aus § 906 BGB ergeben. Hier sind Bienen zwar nicht explizit erwähnt, die Rechtsprechung wendet diesen Paragrafen aber regelmäßig auf sie an. Das heißt: Der Nachbar hat Einwirkungen auf sein Grundstück, die vom Bienenflug ausgehen, immer dann zu dulden, wenn sie nur zu *unwesentlichen* Beeinträchtigungen führen, § 906 Abs. 1 BGB. Wichtig ist: Hier wird nicht auf deinen speziellen, besonders empfindlichen Nachbarn abgestellt, der an allem etwas auszusetzen hat, sondern auf das Empfinden eines „verständigen" Dritten, der z. B. Umwelt- und Naturschutz berücksichtigt usw.

Zu berücksichtigen sind außerdem die Natur und Zweckbestimmung der betreffenden Grundstücke, und die Rechtsprechung hat tatsächlich auch die Sanftmut der Rassen Carnica und

Duldung

Ist die Beeinträchtigung durch die Bienen gering, müssen die Nachbarn sie dulden.

Buckfast im Vergleich zur dunklen europäischen Biene anerkannt.
Was wesentlich und was unwesentlich ist, hängt sehr von der jeweiligen Situation ab und kann nicht pauschal beantwortet werden. Einige Beispiele aus der Rechtsprechung für unwesentliche Beeinträchtigungen sind Bienen im Gras, Bienenschwärme im Garten, Astbruch an zu erfolgreich bestäubten Obstgehölzen oder Verschmutzungen durch Bienenkot u. a. Das muss aber nicht bedeuten, dass immer so entschieden werden wird. Ist die Beeinträchtigung durch die Bienen gering, muss der Nachbar sie dulden.

Ortsüblich?

Kommt man jedoch zu dem Ergebnis, dass sie nicht unwesentlich ist, heißt das noch lange nicht, dass der Nachbar euch die Bienenhaltung verbieten kann. Dann muss unterschieden werden, ob die Bienenhaltung eine ortsübliche Benutzung des imkerlichen Grundstücks darstellt oder nicht, das folgt aus § 906 Abs. 2 Satz 1, 1. Halbsatz BGB. Dabei ist zum Vergleich der Ortsüblichkeit das ganze Gemeindegebiet anzuschauen und es wird sehr auf den jeweiligen Einzelfall ankommen, wie viele Bienenvölker als ortsüblich angesehen werden.

1

1. In der Stadt finden Bienen ein erstaunlich reichhaltiges Nahrungsangebot.

2. Beim Aufstellen sollte man darauf achten, dass die Einflugschneise nicht direkt über Nachbars Terrasse verläuft.

2

Vermutlich werdet ihr bei einer wesentlichen Beeinträchtigung, auch wenn die Bienenhaltung als ortsüblich anzusehen ist, sogenannte „wirtschaftlich zumutbare Maßnahmen“ ergreifen müssen, um die Beeinträchtigung eurer Nachbarn zu verringern, das folgt aus § 906 Abs. 2 Satz 1, 2. Halbsatz BGB. Solche Maßnahmen könnten z.B. die Pflanzung einer höheren Hecke, Büsche, Sträucher, eine Trennwand o. ä. sein, das lässt sich aber hier unmöglich verallgemeinert sagen, sondern kommt, wie gesagt, immer auf den Einzelfall an.
Also: Der Eigentümer eines Grundstücks kann damit tun, was er will, auch Bienen halten. Der Imker hat aber berechtigte Interessen des Nachbarn zu berücksichtigen. Wie so oft, ist es auch hier so: Die Freiheit des einen endet, wo die Freiheit des anderen beginnt. Und diese Grenzen sind meistens nicht eindeutig.
Fun fact aus § 906 Abs. 3 BGB: „Die Zuführung durch eine besondere Leitung ist unzulässig.“ Also bitte nicht das Flugloch durch ein Rohr mit dem Loch in Nachbars Zaun verbinden … Dann geht meist alles gut.

HAFTUNGSRECHT

Nach § 833 Satz 1 BGB ist, wer ein Tier hält, zum Schadensersatz verpflichtet, wenn durch das Tier ein Mensch verletzt oder eine Sache beschädigt wird. Wird ein Mensch verletzt, kann dieser außerdem Schmerzensgeld verlangen, das folgt aus § 253 Abs. 2 BGB. Dabei ist die Haftung eines Tierhalters als sogenannte „Gefährdungshaftung“ verschuldensunabhängig, es kommt also nicht darauf an, ob ihr vorsätzlich oder fahrlässig gehandelt habt, wenn z. B. euer Hund ein Kind beißt oder einige eurer Bienen jemanden stechen, dem ihr gerade euren Bienenstand zeigen wolltet.
Es gibt zwar Ausnahmen für Haustiere, die dem Beruf, der Erwerbstätigkeit oder dem Unterhalt des Tierhalters dienen, hierzu gehören Honigbienen jedoch – bisher? – nicht.

Aufgrund dieser Gefährdungshaftung empfehlen wir euch, eine Haftpflichtversicherung abzuschließen, die solche Schäden im Zusammenhang mit eurer imkerlichen Tätigkeit abdeckt. Falls ihr Mitglied in einem Imkerverein seid oder werden möchtet, ist eine solche Absicherung meist im Mitgliedsbeitrag enthalten.
Eine Haftung ist dann ausgeschlossen, wenn es sich um rein arttypisches Verhalten der Bienen handelt, z. B. beim Reinigungsflug der Bienen nach dem Winter oder noch in den Wintermonaten bei Temperaturen über 10 °C. Wegen des gehäuften Abkotens der Bienen in der Nähe des Bienenstandes sollten Nachbarn aber im Sinne einer guten Nachbarschaft davor gewarnt werden, an solchen Tagen beispielsweise die Wäsche im Freien aufzuhängen.

Bevor ein Streit eskaliert, kann es auch sinnvoll sein, die Bienenvölker umzustellen.

Die Freiheit des einen endet, wo die Freieit des anderen beginnt.

JETZT GEHT'S LOS – DIE PRAXIS

DIE BIENENBEUTE

Sie ist das Zuhause der Bienen und wird wie ein Baukasten, bestehend aus Boden, Zargen und Deckel, zusammengesetzt.

BRUTRAUM-ZARGE MIT RÄHMCHEN

Wabenmaß und Bienenbeute

Bienenvölker werden in den als Beuten bezeichneten Bienenwohnungen untergebracht. Die Bienenbeute besteht aus verschiedenen Zargen (Kästen) und flexiblen, von Rähmchen eingefassten Waben.

Ganz unten befindet sich zunächst ein Gitterboden. Die eigentliche Grundlage des Bienenkastens ist eine **Brutraumzarge** für den Bienennachwuchs sowie ein oder mehrere **Honigräume**, in denen die Bienen Nahrung für ihre Nachkommen produzieren und einlagern. Dazwischen befindet sich in der Regel ein Absperrgitter, durch das die Arbeiterinnen hindurchschlüpfen können, das jedoch die Königin (weil sie größer ist) aus dem Brutraum fernhält. Der Zugang zur Beute sollte für die Bienen über ein **Flugloch** gesichert sein, das sich unten im Brutraum befindet. Dessen Größe lässt sich durch Fluglochkeile regulieren. In die einzelnen **Zargen** werden Rähmchen eingehängt, in denen die Bienen Waben bauen können. Die Anzahl variiert je nach Modell, bewährt hat sich die Verwendung von zehn Waben.

DADANT

Wir haben in unserer Imkerei schon viele verschiedene Bienenkästen ausprobiert, und sind schließlich bei dem Wabenmaß Dadant geblieben. Für uns sind hier vor allem zwei große Vorteile entscheidend:

1. Dadant gehört zu den großformatigen Waben, d. h. die Wabe ermöglicht dem Bienenvolk ein ungeteiltes Brutnest in der Höhe. Das Bienenvolk hat dadurch die Möglichkeit einer natürlichen Brutnestform, das heißt, der Form der Kugel möglichst nahe zu kommen, ohne dass die Wabe dies nach oben einschränkt.

Fluglochkeile

in verschiedenen Größen, die je nach Volksstärke eingesetzt werden.

WABENMASS DADANT

VORTEILE

- wenige, große Brutwaben: Zeitersparnis, einfacheres Arbeiten. Bienengemäß, übersichtlich
- Honigräume in kleinerem Wabenmaß: flexibel dem Platzbedarf der Bienen anpassbar, auch mit weniger Kraft gut handhabbar

NACHTEIL

Im Hobbybereich (noch) nicht flächendeckend verbreitet, macht manchmal den Bienenkauf ein klein wenig aufwendiger.

Bienenbeute

In diesem Video wird der Aufbau der Beuten gezeigt.

2. Ein weiterer wesentlicher Punkt ist das rationelle und einfache Imkern, also mit möglichst wenigen, schnellen Eingriffen das Bienenvolk optimal zu versorgen. Dies gelingt unserer Meinung nach am besten mit Dadant. Viele moderne Berufsimkereien setzen mittlerweile auf eine der beiden Großraumbeuten, also Dadant oder Zadant. Leider sind diese nicht kompatibel, aber sehr ähnlich.

Honigraum mit halber Wabenhöhe

Zum Dadant-Magazin gehört ein Honigraum mit ungefähr der halben Wabenhöhe. Diese sind im Vergleich mit manch anderen Beutensystemen auch in vollem Zustand noch gut zu handhaben und ermöglichen außerdem eine flexible Erweiterung des Raumangebotes bei wachsenden Bienenvölkern im Frühjahr.
Neben dem Brutraum und dem Honigraum benutzen wir in unserer Bio-Imkerei ein Absperrgitter zwischen Brut- und Honigraum. Dieses erlaubt es den Bienen, in den Honigraum zu gelangen und dort den Honig einzulagern. Die größere Königin und die Drohnen passen nicht hindurch. Wir erreichen dadurch auf recht einfache Weise eine Trennung von Brut und Honig, was bei der Honigernte für uns und die Bienen sehr von Vorteil ist.

Deckel und Boden

Nach oben abgeschlossen wird unser Bienenkasten mit einem Deckel, welcher in der Regel eine Dämmung gegen die Sonne im Sommer sowie einen Wetterschutz in Form eines Blechdeckels enthält. Übrigens lassen wir auch den Fütterer das ganze Jahr auf den Bienen.
Nach unten schließt ein Boden das System ab. Dieser enthält als wichtigstes Bauteil das Flugloch, sowie einen Gitterboden über die gesamte Fläche. Der Gitterboden sorgt für Luft im Sommer und Winter und ermöglicht uns eine Varroadiagnose mittels der unter dem Gitterboden einschiebbaren Windel, welche die auf natürlichem Wege absterbenden Varroamilben beim Herunterfallen von den Bienen auffängt.

AUFBAU DER BEUTE

1. Boden mit Flugloch und Gemüllschublade

Er ist das Fundament der Beute, sorgt für Durchlüftung und lässt die Bienen rein und raus.

2. Der Brutraum

Er besteht aus einer Zarge und eingehängten Rähmchen für die Brutwaben.

3. Schied zum Anpassen des Brutraums

Der Schied dient der flexiblen Größenanpassung und ist für uns eines der wichtigsten Werkzeuge.

4. Das Absperrgitter

Es trennt Brut- und Honigraum, die Arbeiterinnen passen hindurch, die Königin nicht.

5. Der Honigraum

Er wird im Sommer aufgesetzt und dient zur Honigeinlagerung durch die Arbeiterinnen.

6. Der Fütterer

Er ermöglicht ein einfaches und sicheres Füttern des Bienenvolkes vor dem Winter.

Der Bienenstandort

Gerade am Anfang ist die räumliche Nähe zum Wohnort empfehlenswert, denn man ist sich manchmal unsicher, möchte immer wieder nachschauen können und es ist ja auch sehr sinnvoll, um die Bienen kennenzulernen, wenn man sie öfter einfach nur beobachtet.

Für die Bienen ist viel mehr möglich, als die meisten denken. Viele, die bei uns ihre Bienen abholen, versichern sich, ob das, was sie in der immer wieder abgeschriebenen Fachliteratur gelesen haben, so stimmt, zum Beispiel, ob die einzig wahre Flugrichtung wirklich Ost-Südost sein muss.
In der Sommertracht ist es sicher eine gute Idee, um die Bienen gleich mit dem ersten Sonnenstrahl herauszulocken. Sollen die Bienen jedoch am selben Standort überwintern, profitieren sie am ehesten von der Nachmittagssonne, also wäre Süd-Südwest ideal. Aber ganz ehrlich: Richtet das Flugloch nicht nach Norden aus, alles andere spielt erst im professionellen Bereich eine Rolle.
Rund um die Bienenbeute solltet ihr ca. einen Meter Platz haben, um euch frei bewegen und arbeiten zu können. Die Beute steht am besten auf Holzbalken oder Steinen auf dem Boden, evtl. leicht erhöht für ergonomisches, rückenschonendes Arbeiten.
Der Bienenflug kann z. B. durch eine Hecke oder anderen Windschutz nach oben gelenkt werden, was z. B.

WICHTIGE FRAGEN FÜR DIE STANDORTWAHL

- Ist Wasser in der Nähe? Dann muss ich nicht extra Tränken aufstellen.
- Ist das Trachtangebot von Frühling bis Herbst ausreichend? Oder muss ich wandern? Möchte ich sowieso wandern?
- Könnten die Bienen hier Nachbarn stören?
- Schmilzt hier im Frühling der Schnee zuerst? Dann ist das Kleinklima günstig.
- Falls nötig: Besteht eine Anfahrmöglichkeit mit dem Auto?

1

DOPPELHAUS-
HÄLFTE

2

1. Bienen sind recht flexibel, was ihren Standort betrifft.

2. Wir arbeiten gerne in Zweieraufstellung. So kann jedes Volk von der Seite bearbeitet werden.

bei Nähe zum Nachbarn, einem Weg, Hauseingängen o. Ä. von Vorteil ist. Auch auf Balkonen gibt es inzwischen viele Bienen, denen es hier sehr gut geht, wobei wir die Anbringung am Balkongeländer nur empfehlen, wenn es gar nicht anders machbar ist, denn hier ist die Fluglochbeobachtung meist erschwert.

Optimal ist natürlich Halbschatten, wie bei vielen Lebewesen. Aber auch reine Sonne oder purer Schatten sind machbar. Ein isolierter Deckel, den wir ohnehin verwenden, verhindert die Aufheizung im Sommer. So haben wir unsere Bienenvölker zum Beispiel jahrelang in Stuttgart auf einem Hoteldach im sechsten Stock aufgestellt. Natürlich war es da im Sommer zeitweilig sehr warm, weil es keinen Schatten gab, aber dank guter Isolierung im Deckel ging es den Bienen gut. Sie fanden ganz in der Nähe Wasser zum Kühlen und sammelten fleißig sehr leckeren Stuttgarter Stadthonig.

Die meisten unserer Bienenvölker stehen auf Streuobstwiesen, an Hecken in der Landschaft, am Waldrand oder auch – je nach Saison – mitten im Wald. Ihr seht also: Nahezu alles ist mit ein wenig Wissen und Gedanken machbar. Sollte sich einmal herausstellen, dass es doch nicht passt, lässt sich ein Bienenvolk schnell umstellen.

IMKERN IM JAHRESVERLAUF

UNSERE BETRIEBSWEISE

In unserem bio-zertifizierten Betrieb arbeiten wir mit Dadant-Beuten aus Holz und so bienengemäß wie möglich.

WIR TEILEN GERN UNSERE BEGEISTERUNG

Unsere Art zu imkern

Seit Bestehen unserer Imkerei haben wir verschiedene Betriebsweisen, Beuten- und Füttersysteme ausprobiert, bevor sich im Laufe der Jahre unsere Betriebsweise herauskristallisiert hat.

Die einzige Konstante seit Beginn ist unsere Bio-Zertifizierung. Im Wesentlichen fußt unsere Betriebsweise seit einigen Jahren auf der Dadantbeute. Nur in einem so großen Wabenmaß (Zadant geht also auch) sehen wir ein möglichst natürliches Brutnest der Bienenvölker heranwachsen. Klar ist für uns auch, dass die Bienenkästen aus Holz sind, und wir lassen dieses mittlerweile auch komplett unbehandelt. Styropor oder sonstige Materialien lehnen wir ab, da wir hier keine Vorteile, dafür jedoch einige Nachteile erkennen.

Unsere Betriebsweise gehört sicherlich nicht zu den intensivsten. Aufgrund der immer größeren Völkerzahlen haben wir gelernt, welche Schritte für die Bienengesundheit notwendig sind, womit wir das Bienenvolk stören und was überhaupt nicht zuträglich ist. Letztendlich ist für uns eine Betriebsweise entstanden, die die Grundlage dieses Buches ist, in die wissenschaftliche Aspekte genauso einfließen wie eine rationelle und vor allem eine bienengemäße Völkerführung, ohne unnötige Störungen für Bienen, gepaart mit sehr viel Praxiserfahrung und in der die Gesundheit der Bienenvölker wichtiger ist, als das letzte Gramm Honig zu gewinnen.

Für unsere Imkerkurse haben wir – nachdem wir selbst ziemlich viel ausprobiert haben – unsere Erfahrungen in einer biologischen Erwerbsimkerei nun auf eine Betriebsweise für Neu-Imker übertragen. Aufgrund der vielen positiven Rückmeldungen unserer Teilnehmer wissen wir, dass diese Art zu imkern auch bei Einsteigern sehr gut ankommt und erfolgreich funktioniert.

Wusstet ihr, dass das Bienenjahr im August beginnt?

Varroa destructor

Gleich zu Beginn unserer Reise durch das Bienenjahr müssen wir uns mit einem ungeliebten Thema beschäftigen: der Varroamilbe beziehungsweise deren Bekämpfung.

Ursprünglich ist die Varroamilbe ein Parasit der Asiatischen Honigbiene (*Apis cerana*), der durch Bienentransporte nahezu weltweit verbreitet wurde. Da sich die Europäische Honigbiene im Laufe der Evolution bisher nicht an den Parasiten anpassen konnte, richtet Varroa hier erheblichen Schaden an. Insbesondere befallen die Varroamilben neben den erwachsenen Bienen die Brut. Hier vermehren sie sich und zapfen den Fettkörper der Larven an, indem sie mit ihren Mundwerkzeugen durch deren Haut stechen. Dabei schwächen sie die entstehenden Bienen nicht nur, sondern übertragen auch gefährliche Viren, die Verkrüppelungen und Lähmungen in den erwachsenen Bienen zur Folge haben können. Erkennt der Imker den Befall nicht und/oder unternimmt nichts dagegen, kann ein Volk innerhalb kurzer Zeit an den Parasiten zugrunde gehen.

Die Varroamilbe ist ein Spinnentier mit acht Beinen.

In der Drohnenbrut fühlen sich Varroamilben besonders wohl.

DIE WICHTIGSTE ARBEIT AM BIENENVOLK

Die Varroabehandlung ist die wichtigste Arbeit am Bienenvolk, denn vermutlich gehen die meisten Winterverluste auf die Varroamilbe zurück. Was ist diese *Varroa destructor* aber überhaupt? Die Varroamilbe ist ein Spinnentier, das sich in der Bienenbrut vermehrt und auf der Biene lebt, diese ansticht und sich von dieser ernährt. Analog einer Zecke beim Menschen, werden hierbei auch Krankheiten übertragen, beispielsweise der Flügeldeformationsvirus.

Die Vermehrung der Varroamilbe geschieht leider sehr geschickt in der Bienenbrut: Eine weibliche Milbe lässt sich von der Biene fallen und gelangt so in die Brut, kurz bevor die Brutzelle verdeckelt wird. Dort legt die Milbe vier bis fünf Eier. Aus dem ersten schlüpft fast immer eine männliche, aus allen weiteren weibliche Milben. Während der Entwicklungszeit ernähren sich die Milben vom Fettkörper der Bienenlarve. Dadurch wird deren spätere Lebenszeit verkürzt.

Am 20. Tag der Bienenentwicklung sind die ersten Milben geschlechtsreif und die Weibchen werden vom Männchen begattet. Nach 21 Tagen schlüpft dann die Biene sowie im Schnitt 1,4 erwachsene, begattete Tochtermilben. In der Drohnenbrut fühlen sich die Varroamilben offensichtlich besonders wohl, jedenfalls wird sie bis zu achtmal häufiger von der Varroamilbe parasitiert als Arbeiterinnenbrut. Dadurch und auch durch die Tatsache, dass der Drohn eine längere Brutzeit hat, die die Entwicklung weiterer Geschwister ermöglicht, entstehen hier sogar im Schnitt 2,6 Varroamilben pro schlüpfendem Drohn. Die Milben können sich explosionsartig vermehren.

Faktoren des Varroabefalls

Es gibt somit zwei Faktoren, die zur Geschwindigkeit des Anstiegs des Varroabefalls beitragen: Der anfängliche Befallsgrad und die Verdeckelungs- beziehungsweise Entwicklungsdauer der Bienenbrut. Diese beträgt nicht immer, wie meistens geschrieben wird, 21 Tage, sondern kann insbesondere durch einen nicht optimalen Wärmehaushalt des Brutnestes verlängert werden.
Diese Verlängerung führt zu einer Erhöhung der mit den Bienen schlüpfenden Varroamilben und sollte daher unbedingt vermieden werden.
Nun könnte man annehmen, dass der Imker keinen Einfluss auf die Temperaturen, also auf das Wetter hat und in der Tat ist es richtig, dass auch eine besonders kalte Witterung die Brutzeit verlängern kann. Jedoch ist es vor allem für kranke und schwache Völker schwierig, die Brutnesttemperatur konstant zu halten. Auch jedes Öffnen der Bienenvölker und vor allem das Auseinanderziehen des Brutnestes bei niedrigen Temperaturen führt zu einem Abkühlen und damit unter Umständen zu einer Verlängerung des Brutzyklus. Daher sollte das Öffnen der Bienenvölker prinzipiell möglichst sparsam erfolgen. Aber: Im Hobbybereich muss das bei gesunden Völkern nicht überbewertet werden. Wir wollten diesen Punkt nicht unterschlagen, denn er trägt zum Verständnis bei: Jeder Eingriff in das Bienenvolk vermindert den Honigertrag.

Frühjahr und Sommer

Aber natürlich könnt ihr eure Völker auch zwischendurch mal aus reiner Neugier öffnen. Euer ihnen wohlgesonnenes vorsichtiges Interesse wird ihnen sicherlich nicht schaden.
Ein intaktes Bienenvolk hat mit der Varroamilbe

Brutwabe mit verdeckelten und noch unverdeckelten Zellen, in denen die weißen Maden sichtbar sind.

Von Varroamilben befallene Bienenbrut.

im Frühjahr und Sommer zunächst wenig Schwierigkeiten, sofern wir im vorangegangenen Herbst den Varroabefall weit genug dezimiert haben. Mit Zunahme der Brut im Frühjahr steigt dann aber auch die Milbenzahl im Bienenvolk stetig an und erreicht ihren Höhepunkt im Oktober, während die Anzahl an Bienen bereits ab Juli wieder abnimmt. Bei der Überschreitung eines gewissen Schwellenwertes ist das Bienenvolk nicht mehr in der Lage, die Schäden durch die Parasiten zu kompensieren. Spätestens jetzt ist eine Behandlung durch den Imker notwendig. Bei uns ist dies meist Ende Juli/Anfang August der Fall. Aber hierzu mehr auf den folgenden Seiten.

Wir merken uns also:

– Die Varroamilbe vermehrt sich exponentiell in der Bienenbrut. Ein hoher Varroabefall macht es Krankheiten beziehungsweise Viren leichter, in die Biene zu gelangen.
– Bienen werden bei hohem Varroabefall kurzlebiger, da sich die Milbe während der Entwicklungszeit von deren Fettkörper ernährt.
– Varroabefall schädigt und tötet ein Volk. Jedes Bienenvolk in Deutschland und Europa hat die Milbe, gar in der ganzen westlichen Imkerwelt.
– Eingeschleppt wurde diese aus Asien. Die dortige Honigbiene bekämpft die Milbe aktiv, unsere Honigbienen erkennen die Milbe noch nicht als Feind. Züchtungsanstrengungen werden seit Jahren in diese Richtung unternommen.
– Laut der Bienenseuchenverordnung sind alle Bienenvölker in Deutschland gegen die Varroamilbe zu behandeln – was natürlich im Interesse eines jeden verantwortungsvollen Imkers liegt.
– Mit einer gewissenhaften Behandlung sollte jeder Imker dieses Problem im Griff haben und Verluste durch die Varroamilbe zu den Ausnahmen des Imkerlebens zählen.
– In den ersten Jahren wird vielleicht der ein oder andere Fehler passieren, aber um dies zu minimieren, wollen wir uns hier intensiv mit dem Thema der Befalldiagnose und der Bekämpfung der Varroamilbe beschäftigen.

Jeder Eingriff in das Bienenvolk vermindert den Honigertrag. Eindrucksvoll lässt sich dies mit einer Stockwaage belegen, s. Kapitel „Häufige Fragen“.

Weitere wichtige Bienenkrankheiten

Ein Bienenvolk kann außer der Varroose leider noch verschiedene andere Krankheiten haben. Von den meisten erholt sich das Volk selbst und eine Behandlung ist nicht notwendig, allerdings oft auch nicht möglich.

Nosema Am häufigsten hat man es mit Nosema zu tun, einer Durchfallerkrankung. Befallene Völker sind durch Kotpunkte im Bienenkasten oder auch um das Flugloch herum zu erkennen. Starke Völker überwinden diese Krankheit in der Regel problemlos. Ein Medikament gibt es nicht. Sollte Nosema immer wieder auftreten, kann es sein, dass der Standort, insbesondere im Frühjahr, zu feucht und zu kalt ist.

Amerikanische Faulbrut
Besondere Aufmerksamkeit erfordert die Amerikanische Faulbrut. Sie ist in Deutschland eine anzeigepflichtige Bienenseuche, s.a. Kapitel „Bienenrecht". Dabei handelt es sich hier um eine sogenannte Brutkrankheit, sie betrifft also ausschließlich die Brut unserer Honigbienen. Im Befallsfall kommt es in der verdeckelten Brut zu einer Massenvermehrung der Faulbrutbakterien, die entstehende Biene stirbt ab und es bildet sich eine zungenförmige, schleimige Masse. Die Verbreitung erfolgt durch Räuberei, durch Bienen, die sich verfliegen, oder auch durch sporenverseuchten Honig, beispielsweise durch Honigreste in Glascontainern o. Ä.
Dank eines strengen Vorgehens ist die Lage in Deutschland prinzipiell bei Ausbrüchen unter Kontrolle und normalerweise besteht wenig Gefahr, sofern ihr euch an zwei wichtige Regeln haltet:
– Bei An- und Verkauf und beim Verstellen von Bienenvölkern auf ein gültiges Gesundheitszeugnis achten bzw. dieses erstellen lassen.
– Keinesfalls fremden Honig verfüttern.
Im Verdachtsfall ist der Amtstierarzt zu verständigen, s.a. Kapitel „Bienenrecht". Dieser stimmt das weitere Vorgehen ab und richtet in der Regel einen Schutzradius um die befallenen Bienenvölker ein, sodass diese Bienenseuche schnell eingedämmt wird und sich möglichst wenige Bienenvölker anstecken können.

Schwarzsucht Auch von der virusbedingten sogenannten Schwarzsucht solltet ihr zumindest einmal gehört haben. Hierbei handelt es sich um eine multifaktorielle Bienenerkrankung, die oft durch Stress (Trachtmangel, längere Hitze oder Kälte) ausgelöst wird. Bei einer Erkrankung sind schwarz glänzende, haarlose Bienen zu finden, die taumeln und gespreizte Flügel haben. Eine wirksame Behandlung gibt es leider nicht. Da die Viren jedoch ebenfalls durch Varroamilben übertragen werden, ist eine gute Varroabehandlung bisher auch die beste präventive Maßnahme gegen die Schwarzsucht.

Ein starkes Volk ist relativ robust gegen Krankheiten.

VARROABEHANDLUNG

Zur Varroabehandlung gibt es verschiedene Möglichkeiten. Wir wollen uns in diesem Buch mit den gängigen, wissenschaftlich erprobten und in unserem Imkereibetrieb erfolgreichen Methoden beschäftigen.

Der richtige Zeitpunkt

Unsere erste Varroabehandlung erfolgt im Spätsommer. Warum? Die Varroa-Entwicklung verläuft analog der Entwicklung des Bienenvolkes. Viel Brut während der Monate März bis Juli bedeutet auch viel Potenzial für die Varroamilbe, um sich zu entwickeln. Der Varroabefall erreicht dann in den Monaten Juli, August, September einen kritischen Wert. Zudem wollen wir selbstverständlich gesunde, langlebige Winterbienen haben. Diese sollen also schon in der Brutphase möglichst wenig Schäden durch die Varroamilbe erleiden. Winterbienen schlüpfen ab August.
Und wir wollen die Behandlung mit möglichst viel Abstand zur Honiggewinnung durchführen, um zu vermeiden, dass Rückstände der Behandlungsmittel in den Honig gelangen. Auch hier ist der August, nach der letzten Honigernte, der bestmögliche Zeitpunkt, denn einen längeren Zeitraum bis zur neuen Honigernte im Mai gibt es nicht.

Befallskontrolle

Jedes Bienenvolk ist individuell – auch was seine Milbenbelastung angeht. Eine Behandlung mit Medikamenten sollte immer nur dann erfolgen, wenn es wirklich notwendig

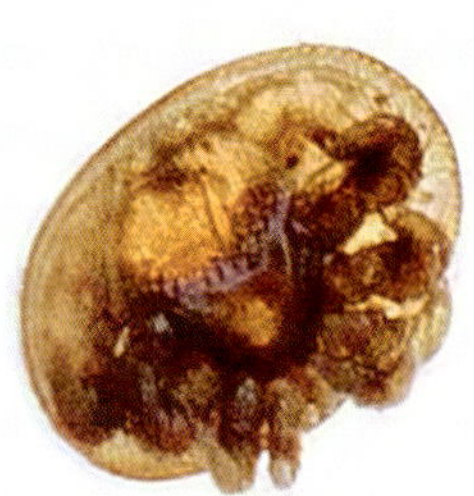

Die Eindämmung der Varroamilbe zählt in der Imkerei zu den wichtigsten Arbeiten.

Film Varroa

Hier wird die Vorgehensweise zur Varroabehandlung gezeigt.

Hier wird die Bienenprobe zur Befallsbestimmung abgemessen.

ist. Das ist dann der Fall, wenn die Milbenbelastung so hoch ist, dass das Volk dadurch nachhaltig geschädigt wird. Dieser Moment wird durch eine bestimmte Schadschwelle im Volk gekennzeichnet. Wann diese erreicht bzw. überschritten ist, erfahrt ihr, indem ihr den Befallsgrad der Völker ermittelt. Zur Befallsgradermittlung gibt es zwei Möglichkeiten:

Die Puderzuckermethode – unser Favorit

Dafür braucht ihr ein fest verschließbares Gefäß mit einem Siebeinsatz am Boden. Die Abstände im Sieb sollten etwa 3 mm betragen – also groß genug, damit die 1,7 Millimeter großen Milben hindurchfallen können.
Die Puderzuckermethode gibt uns die Möglichkeit, den aktuellen Befallsgrad im Bienenvolk festzustellen. Anders als bei der Gemülluntersuchung muss man nicht zweimal zum Bienenstand fahren, sondern kann die Anzahl der Milben, die auf den Bienen sitzen, sofort ermitteln.
Warum eigentlich Puderzucker? Die Milbe hält sich auf der Biene mit ihren Haftlappen fest. Ich sage dazu immer „wie ein Navi mit einem Saugfuß". Wie wir alle wissen, hält so ein Saugfuß nicht gut auf einer Scheibe, die schmutzig oder staubig ist. Dies macht sich die Puderzuckermethode zunutze: Beim „Einpudern" der Bienen hält der Haftlappen der Varroa nicht mehr gut, sie fällt leichter ab und wir können sie einfach in eine Schüssel mit Wasser abschütteln. Das würde zwar auch mit anderen pudrigen Substanzen, wie zum Beispiel Mehl, funktionieren. Im Gegensatz zum Mehl löst sich der Puderzucker im Wasser auf, zurück bleiben kleine, braune Punkte, die auf der Wasseroberfläche schwimmen – unsere Varroen. Diese können wir dann ganz einfach auszählen und den Befallsgrad ermitteln.

DIE PUDERZUCKERMETHODE

Im Folgenden gehen wir Schritt für Schritt die Puderzuckermethode durch. Folgendes Equipment ist erforderlich:

1. Siebbecher oder „umgebauter" Joghurteimer mit Lochdeckel
2. „Urinbecher" mit einem Fassungsvermögen von 100 ml
3. Puderzucker, unbedingt frisch und trocken
4. Schüssel oder Eimer mit Wasser

1. Bienen abmessen

Entnehmt am besten eine Brutwabe mit einer ausreichenden Bienenmenge, um den Urinbecher zu füllen. Von dieser Brutwabe schüttelt ihr die Bienen über einer Folie ab, dann faltet ihr diese in der Mitte zu einer Art Trichter zusammen und füllt den Urinbecher mit Bienen.

---

2. Umfüllen der Bienen

Anschließend schüttelt ihr diese Bienen in euren Siebbecher und verschließt ihn mit dem Siebdeckel.

3. Puderzucker hinzugeben

Nun gebt ihr etwas Puderzucker auf den Siebdeckel – ich nehme einen halben Urinbecher voll. Mit dem Boden des Urinbechers drückt ihr den Puderzucker durch den Siebdeckel.

4. Verteilen und warten

Ab und zu schüttelt ihr nun den Siebbecher mit den Bienen leicht durch, sodass sich der Puderzucker gut auf den Bienen verteilt, und wartet kurz ab. Keine Sorge: Den Bienen schadet diese Methode nicht.

5. Puderzucker ins Wasser schütteln

Nun schüttelt ihr den Puderzucker durch den Siebdeckel über der Schale mit Wasser aus und stellt diese anschließend zur Seite. Der Puderzucker löst sich im Wasser auf, zurück bleiben die Milben.

6. Bienen zurück ins Volk geben

Die Bienen aus dem Siebbecher gebt ihr nun zurück ins Bienenvolk, wo sie von den anderen Arbeiterinnen geputzt und gepflegt werden. Schließt anschließend den Bienenkasten wieder. Wenn wir eine halbe Stunde später nochmals nach den Bienen schauen, sehen wir bereits keine einzige weiße mehr. Ihre Schwestern haben sie schon alle sauber geputzt.

7. Milben zählen

In der Schale mit Wasser seht ihr nun die Milben als kleine, braune Punkte auf der Wasseroberfläche schwimmen. Nach dem Auszählen können wir den Befallsgrad ermitteln.

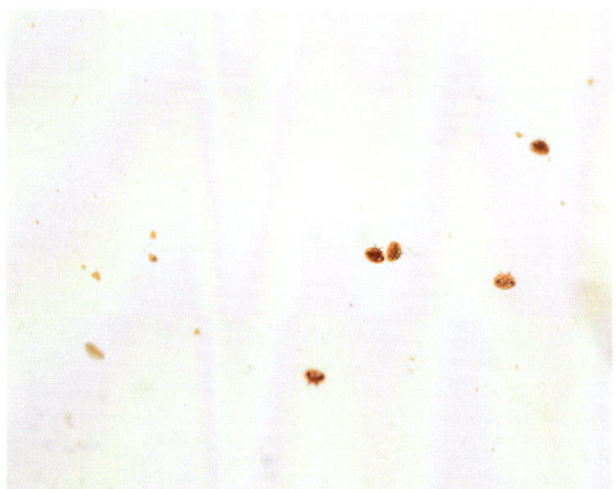

Bei Untersuchung mit der Puderzuckermethode im September (50 Gramm Bienen):
unter 15 Milben: (noch) keine Behandlung erforderlich
15 bis 25 Milben: in nächster Zeit sollte behandelt werden
mehr als 25 Milben: dringend zeitnah behandeln

8. Behandeln

Sind die Bienen gesund, macht das Imkern Spaß. Ist der Milbenbefall kritisch, beginnt ihr, mit Ameisensäure zu behandeln. Dazu mehr ab Seite 82.

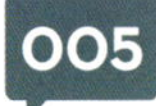

Film Puderzuckermethode

Dieser Film zeigt das Vorgehen in der Praxis.

GESUNDE
BIENEN
ERFREUEN DEN
IMKER

Die Gemülldiagnose

Die zweite gängige Methode ist die sogenannte Gemülldiagnose. Dafür schiebt ihr die Windel oder Bodenschublade in den Boden eurer Völker ein und zählt nach drei Tagen die toten Milben. Je nachdem, wie viele tote Milben pro Tag fallen, müsst ihr die Völker behandeln oder könnt mit der Behandlung warten und den Milbentotenfall weiter im Auge behalten. Wann die Schadschwelle erreicht ist, hängt von Jahreszeit und Volksstärke ab. Ihr könnt euch an den unten aufgeführten Werten orientieren.

Nachteile der Gemülldiagnose

Die Gemülldiagnose ist der gängigste Weg, den Varroa-Befallsgrad der Bienenvölker zu erfassen, hat meiner Meinung nach aber folgende Nachteile:

– Es ist nicht ganz einfach, völlig fehlerfrei alle Milben auf der Gemüllwindel zu finden und zu erkennen.
– Beim Herausziehen der Schublade können bereits Milben verweht werden, vor allem, wenn es windig ist.
– Ameisen oder Ohrwürmer nutzen das Brett gern als Futterquelle und verschleppen schon einen Teil der toten Milben.
– Ich muss jeweils zweimal an den Bienenstand: einmal zum Einschieben der Windel und drei Tage später zum Auszählen der Varroamilben.

Ich wende daher in der Regel lieber die Puderzuckermethode an, um den Befallsgrad zu erfassen.

MÖGLICHKEITEN DER BEHANDLUNG

Zur Behandlung der Bienenvölker gegen die Varroose, so nennt man den Befall eines Volkes mit Varroamilben, hat sich bei uns die Ameisensäure bewährt. Es gibt auch andere zugelassene Medikamente für die Behandlung der Völker im Sommer und Spätsom-

EINE BEHANDLUNG IST DRINGEND ERFORDERLICH BEI EINEM NATÜRLICHEN MILBENFALL VON … PRO TAG:

Kontrollzeitpunkt	Mitte Juli und Ende August	Anfang September und Mitte Oktober
Wirtschaftsvolk (oder starker Schwarm)	Mehr als 10 Milben pro Tag	Mehr als 5 Milben pro Tag
Jungvolk (oder schwacher Schwarm)	Mehr als 5 Milben pro Tag	Mehr als 1 Milbe pro Tag

1

1. Start der Behandlung: Der „Nassenheider Verdunster" wird in eine Leerzarge gestellt.

2. Erforderliche Ausrüstung: Schutzbrille, Handschuhe und Ameisensäure.

2

mer, wie synthetische Produkte (zum Beispiel Bayvarol) oder Thymolpräparate, diese können jedoch Rückstände im Wachs und im Honig verursachen. Zudem besteht bei den synthetischen Varroaziden die Gefahr der Resistenzbildung. Unser Mittel der Wahl bleibt daher die Ameisensäure – auch weil sie bisher als einziges Mittel in die verdeckelte Brut hinein wirkt.
Das Prinzip ist auf den ersten Blick denkbar einfach. Ameisensäure wird im Bienenvolk verdunstet, ab einer bestimmten Konzentration im Bienenvolk wird das Nervensystem der Varroamilbe gelähmt und dies führt zum Tod der Milben.

Die Schwammtuchmethode

In einer ganz einfachen Variante, die in den ersten Jahren gar nicht oder nur in absoluten Notlagen zu empfehlen ist, nimmt man sich einen Schwammtuch, legt diesen ins Bienenvolk und gibt Ameisensäure darauf. Das könnte so einfach sein wie es klingt, gäbe es nicht folgende Schwierigkeiten in der Praxis:
Durch unterschiedliche Außentemperaturen schwankt die Verdunstungsmenge der Ameisensäure im Bienenvolk. Nachts, bei Regen oder kälteren Temperaturen verdunstet logischerweise deutlich weniger Ameisensäure vom Schwammtuch, den wir bei dieser Methode als „Docht" verwenden. An heißen Sommertagen oder bei Bienenvölkern, die in der direkten Sonne stehen, verdunstet die Ameisensäure schneller. Beides erschwert die erfolgreiche Behandlung der Bienenvölker. Im ersten Fall wird die erforderliche Dosis für die Schädigung der Varroamilbe nicht erreicht, im zweiten Fall erfolgt eine Überdosis, die zu Bienen- und Brutschäden führt.

Aber Achtung! Ameisensäure ist nicht gleich Ameisensäure. Verwendet für die Behandlung an den Völkern nur die als Tierarzneimittel zugelassene „Ameisensäure 60 % ad us. vet.". Diese bekommt ihr im Imkereibedarf oder in der Apotheke.

1. Gesunde Bienenvölker setzen eine erfolgreiche Varroabehandlung voraus.

2. Da Ameisensäuredämpfe schwerer sind als Luft, ist es vorteilhaft, den Verdunster oberhalb des Bienenvolkes zu platzieren.

1

VOR- UND NACHTEILE

Vorteile der Ameisensäure

- Keine/geringe Rückstände
- Keine Resistenzen
- Jahrzehntelang erprobt

Nachteile der Ameisensäure

- Verdunstungsmenge schwankt durch Einflüsse (Außentemperatur…)
- Kann bei Überdosis zu Bienenschäden führen
- Brut kann beeinträchtigt werden

Nassenheider Verdunster

Daher verwenden wir statt eines Schwammtuchs einen sog. Verdunster. In unserem Fall haben wir uns für den „Nassenheider Verdunster" entschieden. Die Bewertung verschiedener Verdunster war Gegenstand meiner Meisterarbeit und hier war der „Nassenheider Verdunster professional" derjenige, der am wenigsten von den Wetterbedingungen beeinflussbar war und seine Verdunstungsmenge am konstantesten hielt. Hinzu kommt bei ihm ein großer Anwenderschutz, eine relativ gute Bienenverträglichkeit und eine ausführliche Bedienungsanleitung.

Anwendung

Die Behandlung erfolgt in der Regel zweimal im Jahr. Das erste Mal nach der letzten Honigernte im Jahr, Ende Juli/Anfang August und dann nochmals Ende September/Anfang Oktober. Vor einer Behandlung ist unbedingt jedes Mal eine Befallsdiagnose durchzuführen.

2

NASSENHEIDER VERDUNSTER

Die erste Behandlung ist bei nahezu allen Bienenvölkern obligatorisch, hier habe ich noch nie eine Ausnahme machen können. Bei der zweiten Behandlung kann es sein, dass diese nicht mehr bei allen Bienenvölkern notwendig ist.
Weshalb die Behandlung gegen die Varroamilbe absolut notwendig ist, haben wir auf den letzten Seiten beschrieben. Leider hat die Behandlung immer auch eine Auswirkung auf das Bienenvolk und führt bei falscher Dosierung zu leichten bis schweren Schäden. Dieses Risiko muss man leider in Kauf nehmen, da ein Verzicht auf die Behandlung den Tod des gesamten Bienenvolkes zur Folge hat. Um die Schäden so gering wie möglich zu halten, sollen die Behandlungen nur bei Bedarf stattfinden. Hier spielt die Befallskontrolle eine zentrale Rolle und hilft uns, Schäden an unseren Bienen zu minimieren.
Wie auf Seite 78 beschrieben, empfehlen wir in den Anfangsjahren ganz eindeutig die „Puderzuckermethode“. Damit seid ihr auf der sicheren Seite.

Aber Achtung, es muss jedes Bienenvolk auf den Befallsgrad kontrolliert werden, denn es kann sogar am selben Standort von Bienenvolk zu Bienenvolk extreme Unterschiede geben.

Nochmals das Wichtigste

Die Sommersonnenwende stellt einen Wendepunkt in der Entwicklung der Wirtschaftsvölker dar. Die Königin legt weniger Eier und die Bienenzahl nimmt ab Juli stetig ab. Die Wachstumskurve der Milben erreicht hingegen im Oktober ihren Höhepunkt. So kommen immer mehr Milben auf immer weniger Bienen. Die meisten Wirtschaftsvölker benötigen daher im Juli oder spätestens im August eine Varroabehandlung (z. B. mit Ameisensäure). Jungvölker mit jungen Königinnen hingegen wachsen noch bis in den Oktober hinein. Bei ihnen verschiebt sich die Schadschwelle auf Ende August/Anfang September, weshalb Jungvölker in der Regel erst im September das erste Mal behandelt werden müssen. Generell gilt für alle Völker: So spät wie möglich, aber so früh wie nötig behandeln. Das gelingt, indem ihr bei den Wirtschaftsvölkern ab Juli und bei den Jungvölkern ab Mitte August den Milbenbefall gut im Auge behaltet.

Für einen optimalen Behandlungserfolg mit Ameisensäure brauchen wir etwa acht bis zehn Tage am Stück mit einer Durchschnittstemperatur von annähernd 25 °C. Darunter können auch mal ein bis zwei Tage sein, an denen die Temperaturen über 30 °C erreichen oder einzelne Regentage. Wirklich ungünstig wäre eine Woche lang Regen oder Tage mit Temperaturen über 35 °C. Solche Zeiträume solltet ihr vermeiden. Das gelingt meist gut, indem man die Wettervorhersagen berücksichtigt und den Behandlungszeitraum danach ausrichtet. Es gibt aber auch Jahre, wo dies nur schwer umzusetzen ist. Dann müsst ihr Kompromisse eingehen. Wenn ich die Wahl habe, nehme ich lieber eine Behandlung in einer kälteren oder verregneten Periode in Kauf und behandle meine Völker lieber ein weiteres Mal, anstatt bei heißen Temperaturen eine zu schnelle Verdunstung der Säure im Volk und damit Schäden an Bienen und Brut zu riskieren. Meiner Erfahrung nach belastet letzteres das Bienenvolk viel mehr als eine zweite Behandlung mit Ameisensäure.

Hier ein Blick ins Bienenvolk während der Behandlung mit Ameisensäure.

1

2

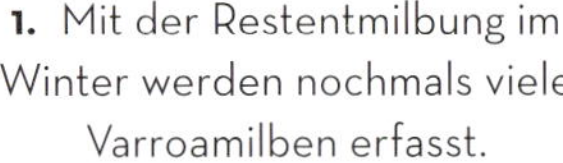

1. Mit der Restentmilbung im Winter werden nochmals viele Varroamilben erfasst.

2. Im Winter, wenn die Bienenvölker brutfrei sind, wird die Restentmilbung mit Oxalsäure durchgeführt.

Geheimtipps?

Wenn es um die Behandlung der Bienenvölker gegen Varroa geht, kursieren viele Meinungen und Geheimtipps im Internet und auch in den Imkervereinen. Ich empfehle euch: Haltet euch an die wissenschaftlich belegten und geprüften Behandlungsmethoden, wie die Behandlung mit Ameisensäure für den Sommer und Spätsommer sowie Oxalsäuredihydrat für die Winterbehandlung.

DIE RESTENTMILBUNG IM WINTER

Im Winter, das heißt in der Regel Ende November/Anfang Dezember, sind unsere Bienenvölker brutfrei. Das bedeutet, dass alle Varroamilben, die sich nach unseren vorhergegangenen Behandlungen noch im Bienenvolk befinden, sich zwangsläufig auf den Bienen aufhalten müssen, da sie ohne Wirt nicht überlebensfähig wären. Wir wollen diese natürliche Brut-

RUHEZEIT IM WINTER

pause nutzen, um nochmals eine effiziente Behandlung durchzuführen, diesmal allerdings nicht mit Ameisensäure, sondern mit Oxalsäure. Auch dieses Medikament ist im Imkerfachmarkt erhältlich und auch hier achten wir auf die Zulassung als Bienenarzneimittel, also auf „ad. us. vet.". Anders als die Ameisensäure wirkt dieses Präparat als Kontaktgift. Das heißt, je mehr Varroamilben mit dem Mittel in Kontakt kommen, umso besser.

Eingebracht wird die Oxalsäure in flüssiger Form mittels einer großen Spritze, pro Wabengasse ca. 5 ml. Wir beträufeln die Bienen einfach von oben mit der entsprechenden Menge. Fertig. Ein Eingriff, der pro Bienenvolk nicht einmal eine Minute dauert, den Bienen jedenfalls nicht sehr schadet, dafür aber eine große Wirkung auf die Varroamilbe hat. Wer möchte, kann auch hier im Vorfeld eine Befallsdiagnose durchführen.

Film Restentmilbung

Schnell und unkompliziert – so geht's.

BIENEN FÜTTERN

Damit die Bienen gut über den Winter kommen, wird im August und September eingefüttert. Das Futter wird abends in den Fütterer gegeben.

Bienen füttern

Um die Frage, wie Bienen zu füttern sind, ranken sich viele Mythen und Wunschvorstellungen. Wir stellen euch hier unseren Weg vor, der sich nach vielen Versuchen für uns und die Bienen als der vorteilhafteste herausgestellt hat.

Ein Bienenvolk benötigt für die Herbst- und Wintermonate im Schnitt 15–20 kg Futter in den Waben. Entgegen vieler Vorstellungen erfolgt die Fütterung nicht auf einmal, sondern in mehrmaligen Gaben in den Monaten August und September sowie gelegentlich auch noch Anfang Oktober. Die Bienen lagern das bereitgestellte Futter wie Honig in die Waben ein und zehren den Winter über von diesen Vorräten.

VERSCHIEDENE FUTTERMITTEL

Zuerst wollen wir uns verschiedene handelsübliche Futtermittel anschauen, die wir hier kurz vorstellen.

Futterteig

Futterteig spielt bei uns in der Imkerei nur bei Sonderformen wie der Königinnenzucht eine Rolle oder in Ausnahmefällen bei einer Notfütterung aufgrund von Futtermangel. Für die Wintereinfütterung halten wir ihn für absolut ungeeignet.
Diese festen, meist 14 oder 15 kg schweren Blöcke verlangen den Bienen einiges an Arbeit ab, um als bienengerechtes Futter in den Waben zu landen: Sie benötigen relativ viel Wasser, um den Futterteig zu lösen, aufzunehmen und anschließend in der Wabe zu deponieren. Dort wird er wieder eingetrocknet, um die gewohnte Konsistenz (analog zum Honig) mit einem Wassergehalt von 16–20 % zu bekommen.
Man kann sich leicht vorstellen, dass dies die Bienen viel Energie kostet und die Abnahme des Futters dadurch auch sehr langsam erfolgt. Das wiederum bringt vor allem in den Monaten August und September einige Nachteile mit sich:

Bienen bei der Futterabnahme.

Füttern

In der App zeige ich euch, wie einfach das Füttern geht.

1

2

Zum einen wollen wir das Füttern möglichst kurz halten, schließlich benötigen wir auch Zeit und ein passendes Wetterfenster für die Varroabehandlung, und zum anderen wollen wir nicht, dass sich die schlüpfenden Winterbienen zu stark abarbeiten in einer Zeit, in der das Bienenvolk natürlicherweise zur Ruhe kommen soll, weil ja das Nektarangebot im August meist schon sehr stark eingeschränkt ist. All diese Nachteile wiegen aus unserer Sicht nicht den einzigen Vorteil auf: Bei Futterteig entsteht normalerweise nie Räuberei.

Sauber arbeiten

Beim Einfüllen des Zuckerwassers musst du Kleckern vermeiden. Fülle abends das Futter ein und verkleinere gegebenenfalls das Flugloch.

Invertzuckersirup

Diese Art von Sirup besteht im Wesentlichen aus Saccharose, Fructose und Glucose, ist sehr bienenverträglich und kann anwendungsfertig im Imkereibedarf erworben werden. Die fast immer dickflüssige Konsistenz erleichtert die Aufnahme und Einlagerung für das Bienenvolk.
Durch die enthaltenen Zucker kann dieser Sirup bei unsauberem Arbeiten oder bei kleinen, schwachen Völkern allerdings leider ein Auslöser für Räuberei sein. Hier gilt es, vor allem bei kleinen Einheiten, das Flugloch auch klein zu halten. Nur so kann es vom Bienenvolk gut verteidigt werden.

Sirupe aus Weizen- oder Maisstärke

Diese Stärkesirupe sind in der Regel auch bienenverträglich und sollten mit einem Analysezeugnis versehen sein. Im Gegensatz zu Invertsirup kommt es bei dieser Sirupart bei Patzern viel seltener zu Räuberei. Sie sind das kostengünstigste Futtermittel und sollten natürlich gentechnikfrei sein. Fertig gekaufte Sirupe sollten nicht mit Wasser verdünnt werden. Dies

SELBST-BEDIENUNG FÜR BIENEN

3

1. Zuerst wird der Fütterer auf das Bienenvolk gesetzt.

2. Dann wird das Zuckerwasser als Bienenfutter vorsichtig eingefüllt.

3. Die Bienen holen sich das Futter und lagern es in die Waben ein.

könnte im Winter dazu führen, dass diese fest auskristallisieren und dadurch für die Bienenvölker wertlos werden. Das Bienenvolk würde auf den festen – vollen! – Waben aus Futter verhungern.

Haushaltszucker

Da wir bio-zertifiziert sind, war das lange Zeit das einzige Futtermittel, das uns überhaupt zur Verfügung stand. Erst in den letzten Jahren hat sich etwas bewegt und auch die oben genannten Futtermittel kamen als „Bio-Versionen" auf den Markt.
Wir sind dennoch dem (Bio-)Zuckerwasser treu geblieben, da die Vorteile für uns überwiegen: So können wir die Konsistenz selbst bestimmen.
In der Regel verwenden wir ein Mischungsverhältnis von ca. 1:1, weil dieses ungefähr dem Nektar entspricht und deutlich flüssiger ist als die fertigen Futtersirupe, die in der Regel mit 3 Teilen Zucker zu 2 Teilen Wasser angesetzt werden. Dadurch werden die Bienenvölker auch gerne zum Bau neuer Waben angestiftet, der Futterstrom hält über eine längere Zeit an und manche Imker sind auch der Meinung, dass die Königin nochmals verstärkt zur Eiablage angeregt wird. Dies ist jedoch ein Punkt, den ich selbst nicht zweifelsfrei in der Praxis erfahren habe.
Nachteilig bei diesem Futtermittel ist die begrenzte Haltbarkeit. Einmal angemischt, sollte das Zuckerwasser möglichst bald in den Bienenvölkern landen, da es sonst gären kann. Auch hier sollte besonders sauber gearbeitet werden, denn eine Räuberei ist bei Zuckerwasser relativ schnell entstanden, vor allem, wenn noch ein wenig Honig hinzugegeben wird. Das lockt auch andere Interessenten an.

Räuberei – den größten Fehler beim Füttern vermeiden

Beim Füttern von Bienenvölkern ist auf absolute Sauberkeit zu achten. Es darf kein süß-klebriges Bienenfutter verschüttet werden. Wer außen an der Bienenbeute kleckst, lockt Bienen anderer Bienenvölker an. In einer Zeit, in der die Natur wenig Nahrung für die Bienenvölker bereitstellt, kann diese Nachlässigkeit schnell zum Ausräubern ganzer Bienenvölker führen. Der Futterklecks außen weist den Bienen der Nachbarvölker schnell den Weg zum großen Futtertopf im Inneren des Bienenvolkes. Und gegen mehrere Bienenvölker aus der Nachbarschaft kann sich ein einzelnes Volk in der Regel nur schwer verteidigen. Der Verlust aller Futtervorräte und sehr viel an Kraft und Lebensenergie sind die Folge. Das Bienenvolk geht sehr wahrscheinlich ein.

Zur Vorsorge wird vor dem Füttern das Flugloch verkleinert und vor allem sauber gearbeitet. Sollte der ein oder andere Tropfen danebengehen, ist dieser sofort aufzuwischen.
Sinnvoll ist es auch, am Abend zu füttern, weil dann kein großer Bienenflug mehr ansteht.
Falls es doch einmal zur Räuberei kommt, ist es am einfachsten, das beräuberte Bienenvolk wegzustellen.
Übrigens: Durch die Räuberei kann es natürlich auch zu einer Reinvasion von Varroamilben kommen. Vor allem, wenn das ausgeraubte Volk noch nicht oder nicht hinreichend behandelt wurde.
So haben leider auch der Nachbarsimker und dessen Behandlungsmethoden Einfluss auf euren Varroabefall und dies ist auch der Punkt, weshalb wir auch Bienenvölker mit geringem Befallsgrad trotzdem Ende September, Anfang Oktober nochmals mit der Puderzuckermethode kontrollieren.

Futter von oben ist fluglochfern und vermindert die Räubereigefahr.

1

2

BIENEN FÜTTERN – SO GEHEN WIR VOR

Bei wenigen Bienenvölkern ist es am einfachsten, sich mit Haushaltszucker im Lebensmitteladen einzudecken, wer mag kann sich auch im Großhandel oder im Imkerbedarfshandel einen 25-kg-Sack besorgen. Wenn euch die Mehrkosten nicht arm machen: Entscheidet euch für Bio-Zucker, am besten aus regionalen Zuckerrüben, aber bitte keinen Vollrohrzucker. Davon können die Bienen nämlich Durchfall bekommen.

In der heimischen Küche lassen sich Mengen für ein bis fünf Bienenvölker unproblematisch selbst anmischen: Einfach den Zucker in handwarmem Wasser auflösen, fertig. Das Wasser sollte nicht kochen, denn sonst können sich für die Bienen giftige Stoffe bilden bzw. sich der HMF-Gehalt (Hydroxymethylfurfural ist ein Abbauprodukt von Zuckern) erhöhen.

Wir haben uns bereits vor Jahren für die Fütterer von Nicot entschieden. Diese aus lebensmittelechtem Kunststoff gefertigten braunen Aufsätze sind leicht zu reinigen und bisher immer dicht geblieben. Fütterer aus Holz sind selbstverständlich schöner, können aber leider schneller undicht werden. Das Lackieren mit Kellereilacken minimiert dieses Risiko zwar und erleichtert die Reinigung, erhöht aber nochmals die Kosten, und die Holzfütterer sind bereits teurer und außerdem auch deutlich schwerer.

Von mancherorts empfohlenen Alternativen mit Eimern, Wannen und Schwimmhilfen aus Stroh, Gras und/oder Korken etc. sind wir nach diversen Versuchen abgekommen. Das war uns alles zu schwer sauber zu halten bzw. zu reinigen. Zudem können sich leicht Pilze entwickeln. Stroh ist dabei am problematischsten, weil diesem unter Umständen von Anfang an Pflanzenschutzmittel oder Pilze anhaften.

Mehrere Gaben

Wir füttern sehr gerne in mehreren Gaben von jeweils ca. 5 kg. Sprich wir lösen 5 kg Haushaltszucker in Wasser auf und geben es nach der letzten Honigernte und vor der ersten Behandlung gegen die Varroamilbe in das Bienenvolk.

Schließlich soll das Bienenvolk nicht an Futtermangel leiden und in der Entwicklung gebremst werden. Nach der ersten Behandlung füttern wir weitere 5–10 kg an Zucker(wasser), sodass wir ungefähr Mitte September mit dem Füttern in wesentlichen Teilen fertig sind. Es folgt dann die im vorherigen Kapitel beschriebene Befallskontrolle und ggf. eine zweite Varroabehandlung.

Futtermenge kontrollieren

Anschließend kontrollieren wir die Futtermenge im Bienenvolk. Hierzu gibt es zwei Methoden:
1. Die Wiegemethode Wir verwenden eine Federzugwaage und wiegen das Bienenvolk einmal vorne und hinten. Vom ermittelten Gesamtgewicht wird das Leergewicht der Beute, 1–2 kg für Bienen und ca. 1 kg für Waben abgezogen. Das sich daraus ergebende Futtergewicht sollte je nach Volksstärke bei ca. 10–15 kg liegen. Bei schwächeren Völkern unter fünf bienenbesetzten Waben liegt dies natürlich deutlich geringer. Prinzipiell gilt die Faustformel: Für eine bienenbesetze Wabe benötigen wir ca. eine bis eineinhalb mit Futter gefüllte Waben.
2. Waben sichten Abweichend von der „Wiegemethode" können wir uns die Waben anschauen und die mit Futter gefüllten Bereiche zusammenzählen. Das Ergebnis sollte mit der oben genannten Faustformel deckungsgleich sein.
Selbstverständlich sind dies alles Schätzungen und Annäherungen. Uns kommt es hier auch nicht auf das ein oder andere Kilogramm an. Wichtig ist nur, dass wir uns in einer entsprechenden Größenordnung je Volk wiederfinden.

3

1. Wir verwenden den Nicot-Fütterer in unserer Imkerei. Er ist leicht und gut zu reinigen.

2. Mit der Wiegemethode ermitteln wir, ob sich genügend Futter im Volk befindet.

3. Die Bienen lagern das Futter in die Zellen ein (glänzend).

Sogar während der Rapsblüte sind Bienenvölker in kalten, regnerischen Jahren nicht sicher vor dem Verhungern.

Futterknappheit im Vorfrühling

Bienenvölker verhungern in der Regel nicht im Winter, sondern meist im Februar/März. Denn hier wird das meiste Futter für das wieder stetig wachsende Brutnest verbraucht und die Natur gibt kaum noch etwas her. In den Monaten Oktober, November, Dezember hingegen nimmt das Brutnest stark ab bzw. ist zeitweise ganz verschwunden. Das spart Energie und es spart Futter.

Da wir im Winter mindestens noch einmal am Bienenvolk zu tun haben, nämlich bei der Restentmilbung, können wir Anfang Dezember auch gleich noch mal einen Blick aufs Futter werfen. Bei Bienenvölkern, die eventuell nicht genügend Reserven haben, können wir in den kommenden Wochen eine Packung Futterteig auf die Rähmchen legen. Die im Handel angebotenen Kleinpackungen mit 1 oder 2,5 kg passen gut unter den Deckel bzw. in einen umgedrehten Futtertrog und ergänzen so das Winterfutter für ein paar Wochen.

ÜBERWINTERUNG AUF HONIG

Eigentlich scheint es doch eine der natürlichsten Varianten zu sein, die Bienenvölker auf ihrem eigenen Honig überwintern zu lassen. Oder? Das kann funktionieren, muss aber nicht. Beim Honig als Winterfutter haben wir im Wesentlichen zwei Unwägbarkeiten:

– Er kann auskristallisieren und von den Bienenvölkern im Winter nicht

mehr aufgenommen werden. Dies betrifft vorwiegend Blütenhonige.
– Waldhonige enthalten oftmals viele Mineralstoffe, die in der Kotblase der Bienen zu stärkeren Belastungen führen können.
Beides kann in milden Wintern von den Bienenvölkern zu großen Teilen kompensiert werden, wenn die Völker stark genug sind. Sollte der Winter alle paar Tage durch milde Temperaturen Flugbetrieb erlauben, können Bienen Wasser herantragen und auch die belastete Kotblase im Freien regelmäßig entleeren und so Erkrankungen im Bienenstock umgehen. Die Überwinterung auf Honig würde so ganz gut funktionieren.
In strengeren Wintern ist dies jedoch nicht möglich und das Bienenvolk kann große Schäden davontragen oder sogar sterben.
Sowohl beim Futtersirup als auch beim Zuckerwasser treffen die oben genannten Nachteile bei der Verwendung von Honig als Winterfutter nicht zu. Das Winterfutter funktioniert, unabhängig vom Witterungsverlauf. Die Überwinterung im langjährigen Mittel wird sichererer und für die Bienenvölker einfacher.

MISCHFORM

Doch auch in der Imkerei gibt es nicht nur schwarz oder weiß. Wir verwenden in unserer Imkerei schon immer eine Mischform, neben dem Zuckerwasser gibt es auch Honig für den Winter.

Honigwabe mit geöffneten Wachsdeckeln. Wir lassen unseren Bienen etwas Honig für den Winter.

MÄUSESCHUTZ

Im Winter wird ein Mäuseschutz am Flugloch benötigt. Ein Gitter hilft, damit Bienen hindurchkommen und Mäuse draußen bleiben.

DAS VOLK WÄCHST ERST AB MÄRZ

Bienen überwintern

Nichts leichter als das – wenn man seine Hausaufgaben gemacht hat. Hausaufgaben heißt: Der Varroabefall ist im Griff und wir haben gut eingefüttert, damit wir zum Winterausgang keine Notfütterung durchführen müssen.

Die Bienen ziehen sich im Herbst immer weiter zurück. Das Brutnest wird deutlich kleiner, die Eiablage der Königin kommt in der Regel im November zum Erliegen. Dann zieht sich unser Bienenvolk auf 3–4 Waben in die sogenannte Winterkugel zurück. Mit gegenseitigem Wärmen wird die Zeit bis zum Brutbeginn, in der Regel an Weihnachten/Silvester, überbrückt. Mit dem dann neu angelegten ganz kleinen Brutnest wächst ein Bienenvolk aber noch nicht. Im Gegenteil, es wird den ganzen Winter über kleiner, da täglich Bienen sterben, u. a. durch Erschöpfung, Alter oder auch Krankheit. In der Regel fängt das Volk erst im März langsam wieder an zu wachsen. Doch bis dahin ist es im Dezember und Januar noch ein weiter, teilweise sehr kalter Weg.

MÄUSESICHER

Wir bereiten das Bienenvolk im Oktober noch gegen Mäuse vor: Mit Fluglochkeilen und Fluglochgittern engen wir das Flugloch ein, damit auch die winzigste Spitzmaus nicht im Winter in das Bienenvolk eindringen kann. Denn im Volk ist es warm, trocken und voller Vorräte – ein Paradies für eine Maus und meist der Tod für das wehrlos in der Wintertraube ausharrende Bienenvolk.
Ab und zu machen wir eine Kontrollfahrt zu den Bienen und schauen, ob sich kein Sturm, kein Wildschwein und auch kein Specht an unseren Bienenkästen zu schaffen gemacht hat. Ende November/Anfang Dezember erfolgt die letzte Behandlung gegen die Varroamilbe, wie im Kapitel „Restentmilbung im Winter“ auf Seite 90 beschrieben. Fertig.

Film Überwintern

Die meisten Bienenvölker sterben im Winter. Schau dir unsere Empfehlungen an.

Bienen auswintern

Tage der Wahrheit. Sobald in der zweiten Februarhälfte das Wetter kurzzeitig etwas wärmer wird, gehen wir an unsere Bienen und schauen nach dem Futter.

In unseren Anfangsjahren wurde, oder wird immer noch, gelehrt, dass der Imker erst mit den warmen Tagen Ende März das erste Mal an die Bienen gehen solle. Das sehen wir nicht (mehr) so. Wenn Bienenvölker im Winter sterben, hat das meist zwei Ursachen: Varroa oder Verhungern. Das Thema Varroa haben wir mit der Varroabehandlung im Sommer und im Erstwinter erschöpfend behandelt, bleibt also das Verhungern. Wann aber verhungern Bienenvölker? Nicht im November, nicht im Dezember und meist auch nicht im Januar. Da müsste schon ein gravierender Fehler bei der Einfütterung passiert sein. Die meisten Bienenvölker verhungern in der Regel Ende Februar, im März und auch noch im April. Warum ist das so? Im Gegensatz zu den kalten Tagen vor Weihnachten, in denen die Bienenvölker brutfrei sind oder nur wenig Brut pflegen, beginnt das Brutnest, abhängig von der Tagestemperatur, im Januar, Februar zu wachsen und erreicht im März, allerspätestens im April, einen beachtlichen Umfang. Das wachsende Brutnest braucht viel Wärme und Futtersaft. Vor allem das Wärmen des immer größeren Brutnestes erfordert in kalten Nächten im März und auch an regnerischen Tagen im April sehr viel Energie. Und das bei immer noch geringen Zunahmen von Futter von außen, da entweder noch nichts Nennenswertes blüht, oder das Wetter keinen Flugbetrieb zulässt.

ERSTE KONTROLLE

Um dies zu verhindern, suchen wir uns einen warmen Tag ab Mitte Februar, um nach den Bienen zu schauen. Optimal sind über 10 Grad, Sonnenschein, vielleicht sogar Bienenflug. Bei dieser ersten – kurzen! – Kontrol-

Tipp

Wer sich nicht sicher ist, ob Futter direkt am Bienensitz vorhanden ist, kann von oben mit dem Stockmeißel in die Wabe stechen. Ist dieser klebrig?

An Tagen mit dem ersten Bienenflug kontrollieren wir, ob noch genügend Futter vorhanden ist.

le im neuen Kalenderjahr öffnen wir den Deckel und schauen uns das Bienenvolk ohne Rauch von oben an. Wir stellen uns die folgenden Fragen:

– Wo sitzt das Volk?
– Hat es genügend Futter in seiner unmittelbaren Umgebung?
– Und wenn, wieviel?

Zur Sicherheit können wir die Bienenbeute auch kurz anheben, um das Gewicht zu prüfen. Wir wollen ca. 8 kg Futter in und um die Wintertraube haben. Unter 4 kg wird's richtig gefährlich und wir sollten unbedingt die nächste Schönwetterperiode für eine Notfütterung nutzen. Diese beschreiben wir auf Seite 106 noch näher.

Wenn leere Waben am Rand vorhanden sind, hängen wir diese einfach hinter den Schied. Fertig!

Dieser kurze Eingriff schadet dem Bienenvolk nicht. Es sollte aber keinesfalls das Brutnest auseinandergezogen werden.

Ein paar Wochen später, wenn das Wetter beständiger und wärmer ist, kommen wir wieder. Wir öffnen das Bienenvolk und wiederholen die oben beschriebene Futterkontrolle. Im März wollen wir mindestens 4 kg Futter, besser 6 kg, im Bienenvolk sehen. Zu eurer Orientierung: Diese Menge entspricht ungefähr 2–3 Dadanträhmchen.

1

2

3

NOTFÜTTERUNG

Bei zu wenig Futter im Bienenvolk können wir eine Notfütterung vornehmen: Die einfachste Möglichkeit ist, Futterteig in kleinen Portionen, d. h. von 1–2 kg, oben aufzulegen. Die Bienen brauchen zur Abnahme dieses Futters am besten Flugwetter, das im März in der Regel immer wieder vorkommt. In ganz dringenden Fällen kann auch direkt am Bienensitz flüssig gefüttert werden.

Dazu nehmen wir 1–2 kg und geben dies in eine Futtertasche, die wir direkt an der Winterkugel platzieren. Hierbei gehen wir sehr vorsichtig vor und achten darauf, dass keine Bienen aus der Winterkugel nach unten fallen und verkühlen.

Wenn ab März das Bienenvolk zu wachsen beginnt, passen wir den Brutraum an, indem wir diesen mit Mittelwänden oder ausgebauten Waben erweitern. Und zwar immer dann, wenn die Bienenmasse das letzte Rähmchen zu ca. 50 % besetzt hat.

Unser Ziel ist es, dass das Volk im April 5–6 bienenbesetzte Waben stark ist, denn ab dieser Volksstärke, d. h. mit ca. 15 000 Bienen, ist das Bienen-

4

1. Weiden – die ersten Pollenspender im Jahr.

2. Durch das Versetzen des Schieds wird das Brutnest an die Volksstärke angepasst.

3. Sollte das Futter einmal knapp werden, füttern wir im Frühjahr nach.

4. Futterteig direkt über dem Brutnest aufgelegt rettet das Bienenvolk vor dem Verhungern.

volk in der Lage, einen Honigüberschuss zu erwirtschaften. Wir setzen den Honigraum über dem Absperrgitter auf. Die Auswinterung ist damit abgeschlossen.

ANPASSEN DES BRUTNESTES

Ein Vorteil des Imkerns in Dadant oder anderen Großraumbeuten ist die Möglichkeit, den Brutraum dem Entwicklungsstand, d. h. der Größe des Bienenvolkes, anzupassen.
So können wir vor der Winterfütterung Rähmchen mit Mittelwänden oder, wer hat, auch ausgebaute Waben hinzugeben. Das Bienenvolk hat dadurch Platz für die Einlagerung des Winterfutters.
Im zeitigen Frühjahr können leere Waben wieder entnommen werden. Das Bienenvolk sitzt dann enger und hat es dadurch wärmer.
Dem wachsenden Bienenvolk wird ab April, jedes Mal, wenn es eng wird, eine Wabe hinzugegeben, denn die Königin soll immer leere Zellen zur Eiablage vorfinden. Geben wir dem Bienenvolk im Brutraum zu viel Platz, wird auch hier reichlich Honig eingelagert. Das schadet den Bienen natürlich nicht, aber hier können wir ihn schlecht ernten.
Die optimale Anpassung des Brutraums sollte auch immer in Vorschau auf das Trachtangebot, die Volksentwicklung und die Wettervorhersagen erfolgen. Das klingt schwierig und ist es auch. In den ersten Imkerjahren kann das gar nicht perfekt gelingen und es fordert auch erfahrene Imker immer wieder aufs Neue heraus.
Als Anfänger reicht es daher, erst einmal die prinzipielle Logik, die dahintersteht, zu kennen und sich langsam dem Thema zu nähern. Imkern in Dadant gelingt auch ohne die perfekte Anpassung des Brutraums. In erster Linie dient sie der Erhöhung der Honigernte. Wenn ihr unsicher seid, entscheidet ihr euch im Zweifelsfall lieber für zu viel Platz im Brutraum, dann seid ihr auf der sicheren Seite.

Schwarmkontrolle

Ende April erwacht das Bienenvolk richtig zum Leben. Die Kirsch- und Apfelblüte ist im vollen Gange, in manchen Gegenden blüht der Raps. Für das Bienenvolk bedeutet dies Nahrung im Überfluss.

Nahrung im Überfluss

Ein Faktor, der den Schwarmtrieb bestärkt.

Die Königin legt bis zu 2 000 Eier pro Tag, das Bienenvolk „explodiert" regelrecht, es braucht Platz. Als Imker können wir den Bienen Platz geben, indem wir die Honigräume aufsetzen, die von den Bienenvölkern mit Nektar gefüllt werden. Dennoch ist der Schwarmtrieb dadurch oftmals nicht aufzuhalten, er steckt in den Bienen drin, denn sie vermehren sich auf diese Weise.
Der Schwarmtrieb beginnt mit dem Anlegen von Schwarmzellen. In diesen Schwarmzellen, die sich von den restlichen Zellen durch eine runde Form und eine nach unten geneigte Öffnung unterscheiden, entsteht die neue Königin. Bevorzugt werden diese Schwarmzellen am Brutnestrand angelegt und sind ab Mitte/Ende April in vielen Bienenvölkern zu finden. Es besteht jedoch noch kein Handlungsbedarf, solange die Näpfchen leer sind. Findet sich jedoch ein Ei oder sogar schon eine Larve darin, ist dies ein untrügliches Zeichen für den einsetzenden Schwarmtrieb. Die Bienen bauen aus den runden Näpfchen langgezogene Schwarmzellen, aus denen nach insgesamt 16 Tagen eine neue Königin schlüpft. Dann ist der Bienenschwarm mit der alten Königin meistens schon ausgezogen und dies wollen wir aus den auf Seite 37 genannten Gründen verhindern.

WABEN DURCHSEHEN

Am sichersten ist es, alle Waben herauszuziehen und diese äußerst gewissenhaft abzusuchen, denn wenn ihr nur eine Schwarmzelle überseht, kann eure ganze Arbeit umsonst gewesen sein und sie schwärmen doch.
Gerade am Anfang ist es schwer, alle Zellen direkt zu entdecken. Schaut also lieber öfter nach, mindestens aber alle **sieben** Tage. Denn nach der Eiablage dauert es genau **acht** Tage, bis

1

2

1. Aus dieser Zelle schlüpft eine neue Königin.
2. Bienen bei der Pflege einer Königinnenzelle.

009

Film Schwarmkontrolle

So einfach kann Schwarmkontrolle sein.

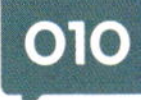

Film Schwarmfang

Ist ein Schwarm abgegangen, versuchen wir ihn wieder einzufangen.

die Schwarmzelle verdeckelt wird. Dann ist der Schwarm manchmal schon unterwegs. Falls ihr also einmal eine ganz frische, kleine Schwarmzelle mit Ei übersehen haben solltet, habt ihr noch eine zweite Chance, die Zelle beim nächsten Termin zu erkennen und zu entfernen.

Sobald ihr bei euren regelmäßigen Kontrollen Ende Mai keine Schwarmzellen mehr findet, könnt ihr die Schwarmkontrolle einstellen. Zur Sicherheit macht ihr vielleicht noch eine Kontrolle extra, doch nun sollte der Schwarmtrieb abgeklungen sein. Spätestens zur Sommersonnenwende Ende Juni ist der Schwarmtrieb in der Regel vorbei und es gibt deutlich weniger Arbeiten am Bienenvolk. Meist steht im Juni und in großen Teilen des Julis einzig die Honigernte auf dem Programm.

Tipp

Es gilt also, die Bienenvölker durchzusehen, die Schwarmzellen zu finden und auszubrechen. Meist legt ein Bienenvolk mehrere Schwarmzellen gleichzeitig an.

Schwarmverhinderung und Völkervermehrung

Wie schon angedeutet, gibt es auch noch andere Wege, um Bienenschwärme zu verhindern, bzw. um den Schwarmtrieb zur Völkervermehrung zu nutzen. Auf diese möchte ich hier aber nur kurz eingehen, da ich sie euch, wenn ihr gerade erst mit der Bienenhaltung begonnen habt, nicht empfehlen würde: **Eine Möglichkeit ist die Schwarmvorwegnahme.** Hierbei wird das Schwärmen eines Volkes simuliert, jedoch *bevor* der eigentliche Schwarm abgeht. Voraussetzung hierfür ist, dass das Volk auch tatsächlich in Schwarmstimmung ist – also Schwarmzellen mit Eiern und/oder Larven vorhanden sind. Für die Vorwegnahme sucht man als erstes die Königin im Volk – das kann selbst bei erfahrenen Imkern etwas Zeit in Anspruch nehmen. Zusammen mit bis zu 20 000 Bienen wird sie in eine neue Beute überführt. Man simuliert hier also den Auszug der alten Königin mit etwa der Hälfte der Arbeiterinnen in ein neues Zuhause. **Die zweite Alternative ist das sog. Schröpfen.** Man entnimmt Arbeiterinnen und Brutwaben aus dem Volk, um daraus Ableger zu bilden, aus denen sich mit der Zeit neue Völker entwickeln. Dadurch gibt man der Königin Platz zum Stiften und die Gefahr, dass sich diese mit einem Teil der Bienen auf den Weg macht, um sich eine neue Behausung zu suchen, sinkt.

Einfüllen eines vorweggenommenen Schwarmes in eine neue Beute

KÖNIGIN IM ZUSETZKÄFIG

FRISCHER HONIG AUS DER SCHLEUDER

Direkt nach der Ernte enthält der Honig nach dem Schleudern noch mehr oder weniger viele Wachsteilchen.

Honigernte

Der erste Honig kann meist Mitte/Ende Mai geerntet werden. Je nach Wetter und Region kann sich dieses Datum aber auch zum Teil deutlich verschieben.

Der richtige Zeitpunkt für die Honigernte ist meist das Ende einer Tracht, zum Beispiel das Ende eines reichen Blühangebotes, wie der Obstbaumblüte, der Rapsblüte, oder später im Jahr auch der Lindenblüte.
Das Wichtigste bei der Honigernte ist zunächst, dass wir nur reifen Honig ernten, was sich in erster Linie auf den Wassergehalt des Honigs bezieht. Ist dieser zu hoch, kann es zur Gärung im Eimer und im Honigglas kommen. Der Honig ist dann nicht mehr verkehrsfähig.

DER RICHTIGE ZEITPUNKT

Lasst uns den richtigen Zeitpunkt für die Honigernte am Beispiel der Obstbaumblüte im Frühjahr betrachten: Während der Blühzeit sammeln die Bienen bei schönem Wetter den Nektar der Blüten. Der Wassergehalt des Nektars liegt bei ca. 80 %, was sehr flüssig ist. Schon mit der Aufnahme des Nektars in den Honigmagen der Biene startet die Verwandlung vom Nektar zum Honig durch Zugabe von Enzymen. Im Volk angekommen, wird der Nektar an eine „Stockbiene" übergeben. Diese nimmt den Tropfen ebenfalls wieder in ihrem Honigmagen auf, fügt wieder Enzyme hinzu und lagert den Nektartropfen in einer Zelle ein.
Im Bienenvolk wird der Nektar dann von den Bienen getrocknet. So werden zum Beispiel mit den Flügeln Luftströmungen erzeugt, die den Nektar in den offenen Zellen stetig weiter eintrocknen. Damit auch der unterste Teil trocken wird, tragen die Bienen den Zelleninhalt mehrmals um. Bei jedem Aufnehmen des Nektars durch die Bienen wird dieser wiederum mit Enzymen angereichert. Zu guter Letzt bekommt die Zelle mit

Film Honig schleudern

Hier zeigen wir euch, wie der Honig aus der Wabe kommt.

1

2

3

dem reifen Honig einen Wachsdeckel. Allein hierauf könnt ihr euch leider nicht verlassen. Es kann gut sein, dass nicht verdeckelter Honig erntereif ist oder (seltener) auch mal verdeckelter Honig zu feucht. Grob kann man sich jedoch an den Wachsdeckeln orientieren. Im besten Fall entsteht Honig, der einen Wassergehalt zwischen 16 und 18 % aufweist. In diesem Bereich ist der Honig sehr gut lagerbar und gärt nicht.

Spritzmethode und Refraktometer

Am besten wendet ihr die „Spritzmethode" an, um festzustellen, ob euer Honig trocken genug für die Ernte ist: Nehmt dafür die Honigwabe und schüttelt sie – am besten direkt über dem offenen Volk – ein paar Mal kräftig. Spritzt Honig heraus, ist er noch

1. Die Bienenflucht wird unter die Honigräume eingelegt.

2. Anschließend werden die Honigräume wieder aufgelegt.

3. Die Entnahme der bienenfreien Honigräume erfolgt nach 12–18 Stunden.

Merke

Honigernte nie bei Regen oder Nebel, wegen der Feuchtigkeit solltet ihr auf trockenes Wetter warten.

nicht reif. Bleibt er jedoch in der Wabe und es spritzt kein einziges Tröpfchen heraus, könnt ihr ihn bedenkenlos ernten.

Im professionellen Bereich wird der Wassergehalt mit einem Refraktometer gemessen. Da diese Geräte nicht besonders teuer sind, es gibt sie ab ca. 40 Euro im Handel, könnt ihr auch überlegen, ob ihr euch gleich eines anschafft oder euch zum nächsten Geburtstag schenken lasst.

Klar ist, dass es sehr schwer wird, trockenen Honig zu ernten, wenn die Bienenvölker noch stündlich frischen Nektar aus einer anhaltenden Tracht in das Volk eintragen. Daher ist es am sichersten, den Honig erst nach Ende der Tracht, also beispielsweise nach der Obstbaumblüte, zu ernten.

Nicht immer lässt sich das Ende einer Tracht jedoch zweifelsfrei feststellen. Dann kann der Honig auch nach etwas kühleren, regnerischen Tagen geerntet werden. Erfahrungsgemäß ist der erste eigene Honig sowieso gleich vernascht, sodass es am Anfang egal sein dürfte, wenn der Wassergehalt etwas oberhalb der kritischen Grenze liegt. Er wird kaum Gelegenheit haben zu gären.

BIENENFLUCHT

Die Honigernte an sich ist keine Raketenwissenschaft. Unsere beste Freundin ist dabei die „Bienenflucht". Dabei handelt es sich um ein Brett, das zwischen Brutraum und Honigraum eingelegt wird. Es enthält eine Art Ventil, durch das die Bienen den Honigraum zwar verlassen, aber nur sehr schwer wieder in den Honigraum aufsteigen können.

Ein paar Voraussetzungen müssen dabei jedoch gegeben sein:

– Das Bienenvolk muss eine Königin im Brutraum haben, denn ihre Anwesenheit lockt die Bienen aus dem Honigraum – durch die Bienenflucht – in den Brutraum.

– Die Honigräume müssen bienendicht sein, sie dürfen also z. B. keine Astlöcher oder dergleichen haben.

Sonst kann es passieren, dass andere Bienenvölker den sich leerenden Honigraum als die beste Futterquelle der Welt entdecken. Das Ergebnis wird bereits nach wenigen Stunden ein leerer Honigraum sein – ohne dass ihr weitere Zeit darauf verwenden müsst.

In der Regel genügt es, die Bienenflucht über Nacht einzulegen. Wir heben am Nachmittag/Abend den oder die abzuerntenden Honigräume herunter, setzen einen leeren Honigraum darunter bzw. legen die Bienenflucht direkt auf das Absperrgitter auf. Anschließend setzen wir die vollen Honigräume auf die Bienenflucht auf.

VORTEILE DER BIENENFLUCHT

- Kaum Bienenkontakt bei der Honigernte
- Schnelle und bienenschonende Honigernte
- Kaum Räuberei

1

2

3

4

1. Mit der Entdeckelungsgabel wird die Wachsschicht auf den Honigwaben entfernt.

2. Durch die Zentrifugalkraft der Schleuder wird Honig aus den Waben geschleudert.

3. Der Honig fließt am Rand nach unten ...

4. ... und läuft in ein Gefäß.

Merke!

Nie allen Honig ernten. Das Bienenvolk braucht immer eine Futterreserve von 2–5 kg für regnerische Tage oder Trachtlücken.

ENTNAHME DER WABEN

Nach dem Einsetzen der Bienenflucht können am Folgetag auch nur einzelne Waben entnommen werden. Dies ist vor allem dann sinnvoll, wenn nicht allzu viel Honig im Bienenvolk ist, es sich also um eine „Zwischenernte" handelt, oder Honig als Futter für die Bienen im Volk verbleiben soll. Am kommenden Morgen sind die Honigräume oberhalb der Bienenflucht in der Regel nahezu bienenleer. Sollten sich dennoch einzelne Bienen noch auf den Waben aufhalten, können diese einfach mit einem Besen oder, bienenschonender und schneller, durch Abschlagen der Waben entfernt werden. Dafür nehmt ihr die Wabe fest in beide Hände und schüttelt sie ein paar Mal fest Richtung Boden. Die meisten Bienen fallen durch den schnellen Ruck von der Wabe ab – ganz ohne gerollt oder gequetscht zu werden. Am besten haltet ihr die Wabe über einen offenen Bienenkasten, dann sind alle Bienen gleich wieder zu Hause.
Die nun bienenfreien Honigwaben nehmen wir mit ins Haus zur weiteren Verarbeitung.

HONIG SCHLEUDERN

Um nun an den puren Honig zu kommen, gibt es zwei Wege:
Beim einfachsten Weg, der ohne Honigschleuder und Entdecklungsgeschirr auskommt, werden die Waben ausgeschnitten, in ein Küchensieb über einer Schüssel oder einen Eimer gelegt und mit einem Kochlöffel oder dergleichen ausgepresst. Der Honig landet im Eimer, die Wachs- und Honigreste aus dem Sieb könnt ihr dem Bienenvolk wieder verfüttern.
Der Weg, den nahezu alle Imker mit einer größeren Anzahl an Bienenvölkern gehen, ist das klassische Honigschleudern.

Entdeckeln der Honigwaben

Mit einer Entdeckelungsgabel nehmt ihr die Wachsdeckel auf den Waben ab. Anschließend werden die Waben in der Honigschleuder geschleudert, der Honig landet ebenfalls im Eimer. Bei beiden Varianten ist es sehr empfehlenswert, den Honig im Eimer 1–2 Tage bei Zimmertemperatur stehen zu lassen. Noch enthaltene Wachsteilchen schwimmen dann auf und können abgeschöpft werden. Auch diesen „Honigschaum" könnt ihr den Bienen verfüttern. Aber Vorsicht! Beachtet die Punkte im Kapitel „Bienen füttern" auf Seite 93, um Räuberei zu vermeiden.

Abfüllen

Nun kann der Honig in Gläser abgefüllt werden. Blütenhonige neigen meist zur Kristallisation, sie werden hart. Hier hilft mehrmaliges Durchrühren, am besten im Eimer, sobald der Honig die ersten weißen Schlieren zieht. Das Bereiten von cremigem Honig braucht etwas Erfahrung und kann hier leider nicht tiefer behandelt werden. Vor der Varroabehandlung Ende Juli erfolgt die letzte Honigernte im Jahr.

Wichtig!

Niemals fremden Honig an die eigenen Bienenvölker verfüttern, da dadurch die Amerikanische Faulbrut übertragen werden kann.

HÄUFIGE FRAGEN

IMKERN LERNEN

Bei uns in den Imkerkursen bist du direkt an den Bienen. Hier kannst du alles hautnah miterleben.

PRAXIS-ERFAHRUNG

Häufig gestellte Fragen

Diese Fragen begegnen uns immer wieder, sowohl in unseren Imkerkursen als auch auf unserem YouTube-Kanal. Daher wollen wir sie auch hier beantworten.

SOLL ICH EINEN IMKERKURS MACHEN?

Praxiserfahrung ist durch nichts zu ersetzen. Es ist also nie verkehrt, in Ergänzung zu einem Buch auch einen Imkerkurs zu besuchen, in dem viel Praxis gezeigt wird. Und wenn es kein ganzer Imkerkurs sein soll oder kann, auch stundenweise Einblicke bringen viel Lehrreiches mit sich. Auch wir schauen uns gerne andere Imkereien an. Irgendetwas lernt man immer.

BIENEN UND KINDER

Eine super Sache! Kinder, vor allem, wenn sie noch klein sind, gehen meist viel lockerer und ungezwungener mit den Bienen um. Uns geht jedes Mal das Herz auf, wenn wir eine Kindergartengruppe oder Schulklasse zu Besuch haben und die Kinder staunend und komplett angstfrei in einer Wolke von Bienen stehen, sich in die auf ihrer Hand krabbelnden Drohnen verlieben und mit etwas Glück ehrfürchtig einer kleinen Arbeiterin beim Schlüpfen zusehen. Während all unserer Veranstaltungen in den letzten Jahren ist bisher nur ein einziges Kind von einer Biene gestochen worden. Es war besonders eifrig und wollte eine der Wächterinnen streicheln – wir waren leider zu langsam, um es noch davon abzuhalten. Aber erstaunlicherweise hat sich dieser kleine Junge dadurch nicht die Freude an der Beobachtung der Bienen nehmen lassen und nach einigen Minuten ohne Scheu einen Drohn auf die Hand genommen. Klar, so ein Stich ist schmerzhaft und wir hoffen, dass dies für wiederum lange Zeit der einzige bleibt, aber mit der richtigen Genetik der Bienen gehören diese zum Glück nicht zum Tagesgeschäft, und die Gefahr lässt sich durch Schutzausrüstung minimieren: Es gibt Schleier und sogar ganze Imkeranzüge für Kinder.

Imkerkurse

Unsere Imkerkursangebote findest du unter imkerei-goldbluete.de

Die Bienenbox ist eine Alternative für extensive Bienenhaltung oder z. B. für das Imkern mit Kindern.

Fürs Imkern mit Kindern eignen sich Einraumbeuten wie z. B. die Bienenbox besonders gut, denn hier muss keine schwere Zarge abgehoben werden, das Kind kann ganz alleine zu seinen Bienen und wenn es noch kleiner ist, immerhin ab und zu das Fenster zu den Bienen öffnen, um sie zu beobachten.

BIENEN UND NACHBARN

In unseren Imkerkursen und auch bei uns selbst hatten wir noch nie Probleme. Die Biene ist ein Tier mit einem sehr positiven Image. Die meisten Menschen freuen sich darüber, dass die Biene an der Regentonne Wasser holt, dass „es wieder mehr summt" und natürlich, dass die Obstblüten bestäubt werden. Bienen fliegen normalerweise nicht in Nachbars Haus und ernähren sich auch nicht von dessen Apfelschorle, Weizenbier oder gar Schnitzel. Manchmal muss man den Unterschied zwischen Bienen und Wespen erklären. Und sollte es doch einmal eine Verstimmung geben, helfen Gesprächsbereitschaft und ein Glas eigener Honig („aus eurem Garten") bestimmt.

WELCHE ALTERNATIVEN GIBT ES BEI DER VARROA-BEHANDLUNG?

Wie schon im entsprechenden Kapitel kurz angedeutet, gibt es etliche zugelassene Varianten zur Ameisensäure. Trotzdem empfehlen wir, vor allem in der Anfangszeit, die Anwendung von Ameisensäure, nicht nur, weil die Beherrschung dieser Methode zum Handwerkszeug eines jeden erfolgreichen Imkers gehört.
Um die genannten Nachteile der Ameisensäure zu mildern, arbeiten wir mittlerweile viel mit Brutentnahme. So lässt sich der Einsatz von Ameisensäure minimieren. Da das Bienenvolk jedoch in einen Teil mit Brut, den „Brutling", und einen Teil ohne Brut, den sogenannten Flugling, getrennt wird, sind entsprechende Beuten vorzuhalten. Aufgrund dieses recht hohen Materialaufwandes ist die Methode für viele in den Anfangsjahren zu aufwendig, vor allem, wenn kein großer Lagerplatz für die Imkerei zur Verfügung steht.
Hier geben wir einen kurzen Einblick in unsere Vorgehensweise:

– Entnahme aller Brutwaben eines Bienenvolkes plus genügend Bienen für die Brutpflege (Brutling).
– Das restliche Bienenvolk bleibt mit der Königin und neu gegebenen Waben zurück und kann mit Oxalsäure behandelt werden (Flugling).
– Im Brutling schlüpft nach und nach alle Brut, anschließend kann dieser – im dann ebenfalls brutlosen Zustand – mit Oxalsäure behandelt werden.
– Vereinigung der beiden Volksteile oder Zugabe einer Königin in den Brutling, um zwei Bienenvölker zu erhalten.

WOHER BEKOMME ICH MEINE BIENEN?

Wir verkaufen normalerweise keine kompletten Völker, aber wir hatten schon Besuch, zum Teil weit angereist, um Königinnen abzuholen. Die Bienenbeschaffung ist ein weites Feld, das in letzter Zeit vor allem online durch Vermittlungsplattformen und Zwischenhändler an Fahrt aufgenommen hat. Uns erscheint es jedoch nach wie vor am besten, regional zu kaufen, auch weil es schwierig und natürlich teuer ist, ganze Bienenvölker zu versenden. Am einfachsten ist die Abholung, der persönliche Kontakt stärkt das eigene Imkernetzwerk und du kannst gleich noch ein paar Fragen loswerden. Gerade die Qualität und Gesundheit ist bei Bienenvölkern schwierig zu beurteilen. Daher ist Bienenkauf Vertrauenssache.

Wie kann ich meine Bienen vermehren?

Das ist gar nicht so schwer. Wer die Spielregeln bei der Varroabehandlung

012

Film Begattungskasten

Für Interessierte wird hier der Begattungskasten vorgestellt.

einhält, wird kaum ein Jahr haben, in dem das Bienenvolk im Sommer nicht geteilt oder „geschröpft“ werden kann. Ihr könnt also euren Völkerbestand meist selbst erhöhen, die Bienen selbst eine neue Königin nachschaffen lassen, ist dafür der einfachste Weg. Hierzu gibt es mehrere Methoden, welche wir aus Platzgründen in diesem Buch nicht untergebracht haben – was zu Beginn einer Imkerkarriere aber auch kein Thema sein sollte.

IST ES SINNVOLL, DIE KÖNIGINNEN VOM ZÜCHTER ZU KAUFEN?

Unter bestimmten Umständen kann es sinnvoll sein, sich neue Gene in die eigene Imkerei zu holen. Im Hobbybereich steht der Honigertrag in der Regel meist nicht im Fokus, sodass hier der Hauptgrund für den Kauf einer Bienenkönigin beim Züchter oftmals die Sanftmut und ggf. auch die Gesundheit ist. Wer jedoch mit seinen Bienen zufrieden ist, kann sie, wie gesagt, mit etwas Fingerspitzengefühl auch selbst vermehren.

KANN ICH MEINE BEUTEN NICHT SELBST BAUEN?

Ja, wer ein wenig Lust auf Schreinerarbeiten hat, kann sich die Bienenbeuten selbst bauen. Viele Anleitungen gibt es im Internet. Du solltest dir aber darüber im Klaren sein, dass du das in aller Regel nicht tust, um Geld zu sparen. Holz, Schrauben, Leim, ... das alles kostet in Kleinmengen wesentlich mehr. Unheimlich wichtig ist es, den „beespace“ einzuhalten. Hier solltet ihr euch detailliert informieren und sehr sorgfältig arbeiten.
Auf einen Beutenanstrich verzichten wir inzwischen. Wir haben festgestellt, dass unsere Beuten auch so mindestens

Geschickte Aufstellung: Hier ein alter Ladewagen.

zehn Jahre halten und uns daher entschlossen, auf Farben, Lacke und Lasuren zu verzichten. Auch wenn sie „bio“ sind, kann dennoch etwas ausdünsten, das die Bienen stört.

WELCHE AUSRÜSTUNG IST EMPFEHLENSWERT?

Hier sind wir ja, wie zu Beginn beschrieben, eher minimalistisch unterwegs. Ein Stockmeißel, ein Raucher, und für ganz schwierige Fälle einen Schleier im Auto. Aber da bleibt er meist auch. Und in unserem speziellen Fall natürlich ein Permanentmarker in der Jahresfarbe, um unsere Beobachtungen dem Bienenvolk direkt auf den Deckel zu schreiben. Übrigens: Um sich die Reihenfolge der Jahresfarben zu merken, gibt es eine beliebte Eselsbrücke: „Weiß, gelb und rot grünt es vor blauem Himmel.“ Oder für die Anglophilen: “Will You Raise Good Bees” (white, yellow, red, green, blue). Andere Imker schreiben nicht direkt auf ihre Deckel. Natürlich könnt ihr genauso gut ein Notizbuch o. Ä. verwenden.

1

2

3

1. Begattungskasten für die Königinnenzucht – hier aus Holz.

2. Ein Blick von oben – gefüllt mit Bienen.

3. Auf den kleinen Rähmchen lässt sich die Königin leichter finden.

1

2

1. Große Raucher brennen besser und länger.

2. Das Anzünden mit einem Gasbrenner hat sich bei uns bewährt.

WELCHES RAUCHERMATERIAL EMPFEHLT IHR?

Hier gibt es Hunderte Spezialmittel, von speziellem Rauchtabak über getrocknete Farne und Schilfe, bis hin zum Spray aus der Dose und vieles mehr. Wir verwenden natürliche Materialien wie z. B. Hobelspäne, getrocknete Tannenzapfen, oder, wenn es den ganzen Tag rauchen soll, auch Heupellets aus dem Kleintierbedarf. Ein Tipp: Eierkarton nur zum Anzünden benutzen! Ein Raucher voller Eierkartons entwickelt „bissigen" Rauch, genauso wie Strohpellets. Wir wissen nicht, ob es für die Bienen einen Unterschied macht, für den Imker jedoch schon.

GEHEIMMITTEL???

Tut uns leid: Die gibt es nicht. Es vergeht zwar kein Frühjahr, kein Sommer und auch selten ein Herbst, in dem nicht ein neues Geheimmittel vom Uropa, vom Erfinder nebenan oder irgendwo aus dem Netz die Runde macht. Wir persönlich können uns aber an kein Geheimmittel der letzten Jahre erinnern, das einer wissenschaftlichen oder eigenen Untersuchung standhielt. Ganz im Gegenteil: Nicht wirksame Mittel bei der Varroabehandlung können dich das ganze Bienenvolk kosten. Da es auch vielerlei erprobte und wissenschaftlich untersuchte Alternativen gibt, sehen wir keinen Grund, ein Risiko einzugehen.

UNSER TIPP FÜR ALLE TECHNIK-BEGEISTERTEN - DIE STOCKWAAGE

Wenn ihr Fragen habt, schreibt uns oder kommt am besten vorbei. Wir haben aber noch einen Tipp für alle Technikbegeisterten, den wir bisher nicht erwähnt haben: Eine interessante Erweiterung eurer Imkerausrüstung ist eine Stockwaage. Dabei handelt es sich um eine Waage unter dem Bienenkasten, die mit dem Internet verbunden ist. So sind die täglich gesammelten Nektarmengen und im Winter auch der Futterverbrauch gemütlich vom eigenen Sofa aus zu beobachten und es entsteht eine interessante und manchmal sehr aufschlussreiche Dokumentation des Bienenjahres. Vor allem dann, wenn die Stockwaage auch mit einem Regensensor, Temperatursensor, Brutraumsensor usw. ausgerüstet wird.

Bei uns stehen immer ein paar Bienenvölker auf Stockwaagen. So können wir die Zunahmen beobachten, uns entsprechend das richtige Material mitnehmen und vor allem die Bienen an einen anderen Standplatz bringen, wenn das Nahrungsangebot sich verschlechtert. Für uns in der Erwerbsimkerei sind die Stockwaagen zu einem der wichtigsten Instrumente geworden.

Preislich gibt es hier eine große Spanne, aber so richtig günstige Möglichkeiten gibt es nicht: Vom Open-source-Projekt zum Selberbau von imker-stockwaage.de (ca. 300 Euro) bis hin zu fertigen Systemen ab ca. 900 Euro ist alles dabei. Wir haben bei uns seit Jahren die Waage von Achim Pfaff (imker-stockwaage.de) im Einsatz und sind damit sehr zufrieden. Wie gesagt, Einsteiger brauchen es nicht, aber es ist interessant!

DAS WICHTIGSTE ZUM SCHLUSS

Die Varroaerkennung und Behandlung ist das Wichtigste im Bienenjahr. Hier solltet ihr euch wirklich Zeit nehmen und lieber einmal mehr als zu wenig nachschauen.

Bienen brauchen immer genügend Futter, mindestens 3–4 kg.

Das Flugloch solltet ihr, entsprechend der Volksgröße, ab Juli möglichst klein halten, um Räuberei zu verhindern.

Nach einem Bienenstich den Stachel – ohne die Giftblase zu zerdrücken – schnellstmöglich aus der Haut ziehen oder kratzen – egal wie. Jede Sekunde früher macht die Folgen angenehmer.

Beim Bienenkauf auf Qualität achten.

Beim Umstellen von Bienenvölkern ein Gesundheitszeugnis erstellen lassen (Gültigkeit meist ca. 9 Monate).

Meldung des Bienenstandes beim zuständigen Veterinär und ggf. der Tierseuchenkasse.

In der Anfangszeit bitte keine Experimente mit „Geheimmitteln“ und „Geheimtipps“.

Zukunftsaussichten …

Die Imkerei befindet sich inmitten eines Wandels, der vor allem durch die Veränderungen in der Natur geprägt ist. Landwirtschaftliche Betriebe werden immer größer, was sich auch in den Flächenstrukturen abzeichnet.

Heiße trockene Sommer setzen wichtigen Trachtpflanzen der Honigbiene zu. Vor allem die Fichte, der Hauptbaum für Waldhonig, hat in den letzten Jahren sehr gelitten. Nahezu sommerliche Wärme im März lässt die Natur oftmals explodieren. Da kommen unsere Bienenvölker im Wachstum nicht mit. Dies sind alles Faktoren, die der Honigbiene das Leben schwer machen. Hinzu kommen Pflanzenschutzmittel, Flächenversiegelung durch Neubaugebiete, Neuzüchtungen von Pflanzen, die nur geringen oder gar keinen Nektar mehr abgeben oder gleich Steingärten. Und natürlich Varroa.

Schön, dass die Honigbiene in den Fokus der Menschen gerückt ist. Sie steht dabei jedoch für die Schwierigkeiten ganz vieler Insektenarten, die schleichend verschwinden.

Es wird zweifelsohne an Lösungen und Verbesserungen gearbeitet. Wie weit diese letztendlich reichen und ob sie genügen, bleibt abzuwarten.

HOBBYIMKEREI

Die Hobbyimkerei entwickelt sich in Deutschland sehr erfreulich und die Anzahl der Bienenhalter steigt seit Jahren, wozu wir mit unseren Imkerkursen versuchen, beizutragen. Wir glauben, Imker sind die einzige Berufsgruppe, die sich – grundsätzlich gesehen – über Konkurrenz freut. Wir wissen einfach, dass es zu wenige von uns gibt.

Eine große Herausforderung ist das Haftungsrecht in Deutschland. Bisher ist es sehr schwierig, bei Rückständen im Honig, z. B. durch Pflanzenschutzmittel, den Verursacher haftbar zu machen. Meist bleibt der Imker auf dem Schaden sitzen. Dies kann zur Aufgabe des Hobbys oder gar der Aufgabe einer Erwerbsimkerei mit mehreren Hundert Völkern führen.

Der Bienentransport – das Wandern wird in Zukunft sicher zunehmen.

Hier und bei der Bewertung von Pflanzenschutzmitteln hinsichtlich Natur- und Bienenschäden besteht noch großer Handlungsbedarf.
Durch den weltweiten Handel werden sicherlich auch neue Schädlinge und Krankheiten zu uns kommen. So wird z. B. der kleine Beutenkäfer, der vor wenigen Jahren in Süditalien eingeschleppt wurde, bei einer weiteren Verbreitung in Europa unsere Betriebsweise nachhaltig verändern – vielleicht ähnlich wie die Verbreitung der Varroamilbe in den 1970er Jahren. Sollten wir in diesen Themenfeldern eine Lösung im Sinne der Natur, im Sinne der Bienen und damit in unser aller Sinne finden, steht einer prächtigen Zukunft der Imkerei nichts mehr im Wege.
Deutscher Honig ist aufgrund seiner Qualität weltweit gefragt, ein tolles Naturprodukt, dessen Erzeugung mit viel Liebe, Freude und tollen Naturerlebnissen verbunden ist.
Wir wünschen jedem viel Spaß bei diesem schönen und sinnstiftenden Hobby. Vielleicht wird es auch bei dem ein oder anderen zu einer Berufung. Ähnlich wie bei uns, mit dem Beginn von zwei geschenkten Bienenvölkern ...

Zum Weiterlesen

EMPFEHLUNGEN DER AUTOREN

Bruder Adam: **Meine Betriebsweise.** Imkern wie im Kloster Buckfast. Kosmos Verlag
Liebeswertes Buch und empfehlenswert für alle, die sich mit der Geschichte der Imkerei beschäftigen wollen.
Friedmann, Günter und Angelika Sust: **Bienengemäß Imkern.** Das Praxis-Handbuch. blv Verlag
Sehr viele Hintergrundinformationen zu den Vorgängen im Bienenvolk im Detail.
Jungels, Paul: **Imkern.** Handbuch zu einer anderen Imkerwelt. United Bees Verlag
Ein Imkerbuch mit dem Schwerpunkt Bienenbeute, Auslese und Zucht
Seeley, Thomas D.: **Bienendemokratie.** Wie Bienen kollektiv entscheiden und was wir davon lernen können. Fischer Taschenbuch
Sehr interessant, wenn es um das Verständnis der Vorgänge, des Zusammenlebens und der Kommunikation innerhalb eines Bienenvolkes geht.
Spanblöchel, Alois: **Imker-Praxis.** Grundwissen für die Bienenwirtschaft. Leopold Stocker Verlag
Dieses Buch beinhaltet ein empfehlenswertes Kapitel zur Anatomie der Honigbiene.
Spürgin, Armin: **Bienenwachs.** Gewinnung, Verarbeitung, Produkte: Gewinnung, Verarbeitung, Produkte. Ulmer Verlag
Ein vertiefendes Buch zum Thema Wachsentstehung, Gewinnung und Verarbeitung

EMPFEHLUNGEN DES VERLAGS

Bienefeld, Kaspar: **Imkern Schritt für Schritt**
Bude, Sarah und Rebecca Schmitz: **Das Imkerbuch für Kids**
Hemmer, Cornelis und Corinna Hölzer: **Wir tun was für Bienen**
Pohl, Friedrich: **1x1 des Imkerns**
Pohl, Friedrich: **Handbuch Bienenkrankheiten**
Pritsch, Günter: **Die Bienenweide**
Ullmann, Michael: **Einräumig imkern auf Zander**

AUS DEM INTERNET

Youtube
Unser Kanal
https://www.youtube.com/c/ImkereiGoldblüte
Ein Königinnenzüchter aus Kalifornien
(englischsprachig)
https://www.youtube.com/c/TheCalifornia Beekeeper
Bob hat auch interessante Ideen
https://www.youtube.com/channel/UCD-yga7OtRJSzHzXXXurYCmQ

Nützliche Links
imkerling.de
Eine tolle Lernplattform mit Onlinekursen rund um das Thema Imkern
Für Tüftler
Stockwaagen
imker-stockwaage.de
Zur Bienengesundheit
https://www.ua-bw.de/pub/beitrag.asp?subid=5&Thema_ID=8&ID=2818&lang=DE
https://www.lwg.bayern.de/bienen/krankheiten/index.php
https://www.fli.de/de/aktuelles/tierseuchengeschehen/bienenkrankheiten/

Register

A
Absperrgitter 61, 63
Allergien 15 f.
Ameisensäurebehandlung 82 ff. 88 f.
Amerikanische Faulbrut 74, 117
Ammenbiene 29 f.
Anzeigepflichtige Tierseuchen 50 f.
Arbeiterin 29 f.
Asiatische Honigbiene 70
Aufbau der Beute 63
Ausrüstung 22 ff., 125

B
Beespace 124
Befallskontrolle 76, 84 f.
Behandlung mit Ameisensäure 88 f.
Betriebsweise 69

Danke

Wir möchten unserer YouTube-Community für eure Fragen, Kommentare und Anregungen und für eure Treue danken! Natürlich auch unseren Honigliebhabern, Bienenpaten, Kunden, Besuchern und allen, die uns unterstützen, uns helfen und mit uns lachen.

Beuten selbst bauen 124
Bien 26 ff.
Bienen auswintern 104 ff.
Bienen füttern 93 ff.
Bienen kaufen 123
Bienen überwintern 103 ff.
Bienen und Kinder 121
Bienen vermehren 123 f.
Bienenbeute 61 ff.
Bienenbeute, Aufbau 63
Bienenflucht 115 f.
Bienenflug lenken 64
Bienengift 16
Bienenkönigin 30 f.
Bienenkrankheiten 74
Bienenseuche, anzeigepflichtige 74
Bienenseuchen-Verordnung (BienSeuchV) 50, 73
Bienenstandort 64 f.
Boden 62
Brutentnahme 123
Brutkrankheit 74
Brutling 123
Brutnestform 61
Brutnesttemperatur 72
Brutraum 63
Brutraum anpassen 106 f.
Brutraumzarge 61
Brutwabe 72

D
Dadant 61 f., 69
Deckel 62
Docht 88
Drohnen 34 f.
Drohnensammelplatz 32, 35
Drohnenschlacht 34

E
Eiablage 32
Einraumbeuten 122
Entdeckeln 117

F
Flügeldeformationsvirus 71
Flugling 123
Flugloch 61 f., 63
Fluglochbeobachtung 65
Fragen 119 ff.
Fütterer 62 f., 98 f.
Futterknappheit 100
Futterkontrolle 104 f.
Futtermenge kontrollieren 99
Futtermittel 93 ff.
Futterteig 93 f., 100, 106
Fütterung 93 ff.

G
Gefahren 41 ff.
Gelée Royale 29, 31
Gemülldiagnose 82
Gemüllschublade 63
Gifte 41 f.
Gitterboden 61 f.

H
Haftpflichtversicherung 56
Haftungsrecht 56
Handschuhe 24
Haushaltszucker 95, 98 f.
Hochzeitsflug 32

Honig abfüllen 117
Honig schleudern 113, 117
Honig, Wassergehalt 113 f.
Honigernte 113 ff.
Honigraum 61, 63
Honigschaum 117
Honigverordnung (HonigV) 51
Hornissen 45

I
Imkerkurs 121
Imkerrecht 47 ff.
Imkerverein 56
Invertzuckersirup 94
Isolierung 65

J
Jahresfarbe 125
Jahresverlauf 67 ff.

K
Königin zusetzen 111
Königin kaufen 124
Königinnenzucht 93
Kontaktgift 91
Körperliche Fitness 15 f.
Kosten 20 ff.
Krankheiten 71

L
Lebensmittelrecht 51
Leerzarge 88
Lichtverschmutzung 41

M
Milbenbelastung 76 f.
Mindestanforderungen 20 f.

N
Nachbarn 122
Nachbarrecht 53 f.
Nahrungsmangel 41
Nassenheider Verdunster 84 f., 88 f.
Nosema 74
Notfütterung 93, 106 f.

O
Öffentliches Recht 49 ff.
Oxalsäure 90 f., 123

P
Pflanzenschutzmittel 41 ff.
Platzbedarf 19
Praktische Überlegungen 58 ff.
Privatrecht 52 ff.
Puderzuckermethode 77 ff.

Varroabefall 96
Varroabehandlung 38, 51, 70 ff., 76 ff., 89
Varroabehandlung, Alternativen 123
Varroadiagnose 62
Varroamilbe 70 ff.
Varroazide 83
Verdunster 84 f., 88 f.
Verdunster platzieren 88
Vögel 45
Völkervermehrung 110
Vorfrühling 100

W
Waben entnehmen 117
Waben sichten 99
Wabenmaß 61 ff.
Wachs 44
Wasser 64 f.
Weisel 30 f.
Weiselzellen 30
Wiegemethode 99
Windel 62, 82
Winterbehandlung 90 f.
Winterbienen 30, 76
Winterfutter 100 f.
Winterkugel 103

Z
Zadant 62, 69
Zargen 61
Zeitaufwand 17 f.
Zusetzkäfig 111

R
Räuberei 94 ff.
Raucher 22, 125
Rauchmaterial 23, 126
Refraktometer 114 f.
Resistenzbildung 83
Restentmilbung 90 f.

S
Schadschwelle 77, 82
Schleier 24, 125
Schröpfen 110
Schutzbrille 88 f.
Schutzhandschuhe, säurefest 88 f.
Schwammtuchmethode 83
Schwarmkontrolle 108 f.
Schwarmrecht 52 f.
Schwarmtraube 37
Schwarmtrieb 37 ff., 108 f.
Schwarmverhinderung 110
Schwarmzellen 108
Sommerbienen 30
Spätsommerpflege 89
Spritzmethode 114
Standort 64 f.
Stärkesirup 94 f.
Stiche 15 f.
Stockmeißel 22, 125
Stockwaage 127

T
Thymolpräparate 83
Tiergesundheitsrecht 50 f.
Tierseuchen 50 f.

V
Varroa destructor 70 ff.

BILDNACHWEIS

141 Farbfotos wurden von Anne Dörr extra für dieses Buch aufgenommen.

Weitere Farbfotos von Sebastian Faiß (1: S. 55 l.), Shutterstock (Beekeepx: 1, S. 44 o.l., Stefano Carella: 1, S. 89 r., Anna Efimova: 1, S. 40 u., Fire-n: 1, S. 106 o.l., Fotokostic: 1, S. 43, Mirko Graul: 1: S. 73, Dave Massey: 1, S. 105, Elly Miller: 1, S. 118-119, Fabio Nerelli: 1, S. 89 l., Hamed Shahsavari: 1, S. 40 o., Sketchart: 1, S. 38, Ruth Swan: 1, S. 39, Victoria Tucholka: 1, S. 44 u.r.), Johannes Weber (2: S. 55 r., 57)

IMPRESSUM

Umschlaggestaltung von Büro Jorge Schmidt unter Verwendung von acht Farbfotos von Anne Dörr.

Mit 157Farbfotos.

Alle Angaben in diesem Buch erfolgen nach bestem Wissen und Gewissen. Sorgfalt bei der Umsetzung ist indes dennoch geboten. Der Verlag und die Autoren übernehmen keinerlei Haftung für Personen, Sach- oder Vermögensschäden, die aus der Anwendung der vorgestellten Materialien, Methoden oder Informationen entstehen könnten.

Unser gesamtes Programm finden Sie unter **kosmos.de.**
Über Neuigkeiten informieren Sie regelmäßig unsere Newsletter, einfach anmelden unter **kosmos.de/newsletter**

Gedruckt auf chlorfrei gebleichtem Papier

ISBN 978-3-440-17334-3
Redaktion: Alice Rieger
Gestaltungskonzept: GRAMISCI Editorialdesign/Cornelia Sekulin, München
Gestaltung und Satz: Katrin Kleinschrot, Stuttgart
Produktion: Nina Renz, Carolin Wacker
Druck und Bindung: Westermann Druck Zwickau GmbH, Zwickau
Printed in Germany / Imprimé en Allemagne